陆相断陷湖盆旋回沉积机理及成岩作用系统

——以济阳坳陷古近系为例

谭先锋　田景春　陈　青　著
王伟庆　王　佳　况　昊

科学出版社

北　京

内 容 简 介

"高频旋回沉积"和"成岩系统"是沉积学领域两个重要的研究主题，也是近年来研究的热点问题。尽管两个研究主题均取得了一定的进展，但探索高频旋回的成因机制及其与成岩系统过程耦合关系尚存在诸多问题亟待解决。陆相湖盆沉积规模远比海洋小，岩性岩相变化较快，旋回变化的成因机制、原始沉积环境对早期成岩作用的制约以及成岩系统的封闭性研究具有一定复杂性，探索旋回变化与成岩系统的耦合关系对丰富陆相湖盆沉积理论具有重要的意义。本书以沉积作用-成岩系统整个演化过程为主线，系统介绍了陆相断陷型湖盆沉积环境的变化规律、旋回沉积的叠加方式、旋回沉积的物质聚集响应规律、旋回沉积机理，成岩作用方式和特征、成岩作用的差异规律、成岩流体变化及成岩演化过程、成岩系统封闭性讨论，并探讨了旋回变化过程中的成岩作用规律及物质耦合关系。

本书可供从事沉积地质学和油气地质勘探的科技人员参考，也可供相关专业的研究生和高年级大学生参考。

图书在版编目(CIP)数据

陆相断陷湖盆旋回沉积机理及成岩作用系统：以济阳坳陷古近系为例 / 谭先锋等著. —北京：科学出版社，2016.7
　　ISBN 978-7-03-049407-8

Ⅰ.①陆⋯　Ⅱ.①谭⋯　Ⅲ.①陆相-断陷盆地-旋回沉积作用-研究-济阳县　②陆相-断陷盆地-成岩作用-研究-济阳县　Ⅳ.①P588.2

中国版本图书馆 CIP 数据核字（2016）第 165601 号

责任编辑：杨　岭　黄　桥 / 责任校对：韩雨舟
责任印制：余少力 / 封面设计：墨创文化

科学出版社 出版
北京东黄城根北街16号
邮政编码：100717
http://www.sciencep.com

成都创新包装印刷厂印刷
科学出版社发行　各地新华书店经销

*

2016 年 7 月第 一 版　开本：B5（720×1000）
2016 年 7 月第一次印刷　印张：8.5
字数：180 千字
定价：89.00 元

前　　言

随着"旋回沉积"和"成岩系统"研究的深入，越来越多的学者开始关注两者之间的相互关系，研究其旋回变化控制下的成岩作用现象规律，探讨原始旋回沉积作用规律控制下的物质堆积和成岩系统演化。本书为我和研究团队近年来在该领域研究的成果和认识。书中全面介绍了陆相断陷型湖盆沉积环境的变化规律、旋回沉积的叠加方式、旋回沉积的物质聚集响应规律、旋回沉积机理，成岩作用方式和特征、成岩作用的差异规律、成岩流体变化及成岩演化过程、成岩系统封闭性讨论，旋回变化过程中的成岩作用现象及物质耦合关系。虽然书中的部分研究内容仍需要进一步探索，但已取得的成果和认识可以为旋回地层和成岩系统交叉研究提供借鉴的思路，推动沉积学领域在解决某些复杂问题的进展。

本书受到以下项目的资助：国家自然科学基金项目"济阳坳陷古近系孔店组旋回沉积机理及成岩系统研究"（项目编号：41202043，研究期限：2013.1～2015.12）；中石油创新基金项目"深部埋藏条件下陆相碎屑岩成岩系统及储层形成机理"（项目编号：2014D-5006-0108，研究期限：2014.6～2016.7）；重庆市教委科学技术研究项目"陆相碎屑岩旋回沉积记录中的差异成岩作用研究"（项目编号：KJ1401316，研究期限：2014.1～2015.12）。

多年来，我在导师田景春教授的指导下，一直开展成岩作用方面的研究工作，并探索陆相碎屑岩旋回变化控制下的成岩作用规律。研究过程中也得到了孟万斌副教授、林小兵博士的帮助。我的学生冉天、蒋艳霞、孙茹、李泽民、薛伟伟、罗龙、蒋威、刘志波、梁迈、王萍、王杰等参与了大量的研究工作，由于人员众多，在此不便一一列举，感谢他们付出的辛勤劳动！这些学生中，多数已经成为博士、硕士研究生及生产单位骨干。在近10年的研究过程中，多次得到胜利油田地质研究院的大力支持，获得了大量的一手资料和数据，在此一并致谢！

全书共6章，前5章为旋回沉积和成岩系统基础研究，第6章为旋回变化下的成岩作用规律的探讨和总结。由于我们的水平有限，尽管非常细心，但书中难免存在一些错误之处和值得商榷的观点，请各位专家、同行批评指正。

作者

2016年3月于重庆

目　　录

第1章 区域地质背景

1.1 研究区位置

　　济阳坳陷地处山东省北部,位于渤海湾裂谷盆地东南部,是其次一级构造单元,主要包括惠民凹陷、东营凹陷、沾化坳陷和车镇凹陷四个次级构造单元(图1-1a)。济阳坳陷北与埕宁弧形隆起毗邻,南以齐河-广饶断裂与鲁西隆起分界,西与临清坳陷的德州、莘县凹陷接壤,东以垦东青坨子、广饶凸起与渤中、昌潍坳陷相隔。古近纪时期在中生代地层之上发育一系列的箕状断陷湖盆(图1-1b)(吴智平等,2003;谭先锋等,2014),济阳坳陷古近纪孔店期为新生代断陷盆地早期,是发育在中生代之上的断陷湖泊;该时期断裂活动频繁,气候以干旱为主,间歇潮湿。

1.2 地层记录

　　古近系沉积了一套连续的陆相碎屑岩,自下而上依次为孔店组、沙河街组、东营组(冯友良等,2010),孔店组为古近纪早期沉积产物,主要沉积了一套红色碎屑岩(周磊等,2012;谭先锋等,2013a)。依据岩石学特征及古生物地层特征,孔店组可分为3个段(王建伟等,2001),大量的录井资料以及钻井岩心观察表明,孔店组岩性表现出颜色和岩性方面的高频旋回变化的特征,变化形式多变;整个孔店组在纵向上主要表现为紫红-灰色-紫红的沉积旋回,孔三段主要为早期沉积的产物,分布范围局限,主要为紫红色的泥岩和粉砂岩互层;孔二段沉积一套灰色泥岩和粉砂岩互层;孔一段在凹陷内分布较广,在紫红色沉积背景下,多次出现灰色泥岩、紫红色泥岩、灰色砂岩的互层。

　　古生物方面,孔店组地层中见较多三孔沟类(*Tricolporites*)、希指蕨孢属(*Schizaeoisporites*)、无口器粉属(*Inaperturopollenites*),而沙四段下亚段主要见光滑南星介(*Austrocypris levis*)、中国枝管藻(*Gyrogona xindianensisvar. qianjiangica-Lamprothamnium jianglingensis*)组合、龙介虫等,根据这种生物组合可以划分沙河街组和孔店组,而位于P/E分界附近的孔一段地层确定为麻黄粉属(*Ephedreapites*)-三孔脊榆粉(*Tricolporites*)-杉粉属(*Taxodiaceaepol-*

lenites)-希指蕨孢属(*Schizaeoisporites*)亚组合。

1.3   地层对比

根据火山岩同位素测年方法，Harland等在1982年发表了渤海湾地区地层年代数据，戴俊生等(1998)对渤海湾地区地层年代进行了标定。这些成果将P/K界线年龄认识基本统一到65Ma，而沙河街组和孔店组界线存在分歧，但差别不大(45.4~50.5Ma)。根据最新公布的国际地层年代标准(2014)，P/E界线为56Ma，孔店组P/E界线应位于孔二段上部(图1-1c)。P/E时期为全球极热事件期，根据前人对PETM事件的报道(Zachos et al.，2001；Bijl et al.，2009；Morón et al.，2013；Littler et al.，2014)，PETM发生时限为50~60Ma，主要在56Ma附近(Zachos et al.，2001)，因此，P/E界限与孔二段上/孔二段下界限吻合(图1-1c)。

图1-1c建立了不同部位的钻井岩心地层对比图，显示孔店组地层沉积记录存在较大的差异；以最具代表性的东营凹陷断陷湖泊为例，地层发育具有如下特征：①孔二段发育盆地中央的HK1、SK1和W46等井区，主要沉积一套粉砂岩和砂质泥岩，膏盐沉积较少，只出现在孔二段中部P/E界限附近；②孔一段发育较全，湖泊中均有一定数量的发育，但岩性却存在较大的差异，北部为粗碎屑、中央为黏土和膏盐沉积，缓坡为细粒砂岩和黏土岩类为主；③膏盐等干旱矿物明显发育于湖泊水体封闭的深水环境。

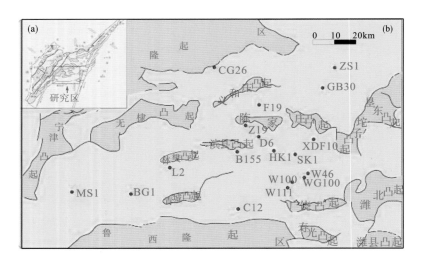

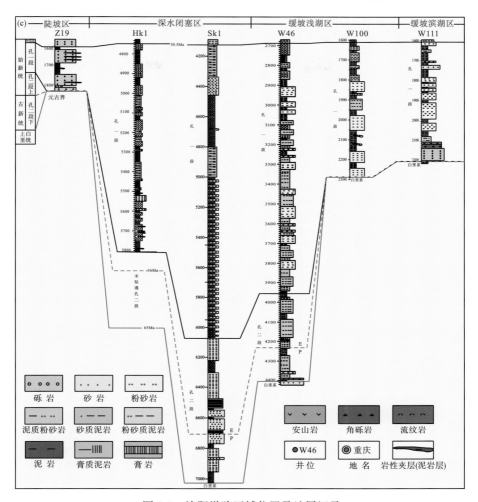

图 1-1　济阳坳陷区域位置及地层记录

(a)渤海湾盆地构造纲要(冯有良等，2010)；(b)济阳坳陷古近纪早期古地理格局及井位分布(操应长等，2011)；(c)年代地层、岩性地层和生物地层记录综合对比及沉积区划分(冯有良等，2010；谭先锋等，2014)

第 2 章　原始古湖泊环境时空演化

2.1　古地理环境时空演化

2.1.1　孔三段古地理环境

孔店一段沉积期，济阳坳陷沉积分布范围较小，主要在惠民凹陷和东营凹陷沿断层带呈局部孤立发育。其中在惠民凹陷主要发育扇三角洲（冲积平原）－湖泊沉积组合，在局部地区发育冲积扇。在东营凹陷的北部发育近岸水下扇－湖泊沉积体系，而在博兴凹陷发育冲积平原（图 2-1）。

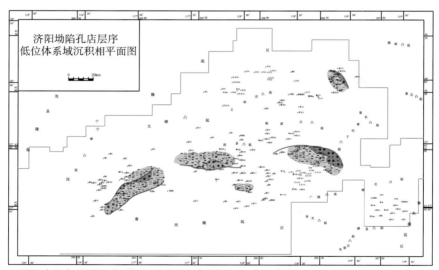

<figcaption>图 2-1　济阳坳陷孔三段沉积相平面展布图</figcaption>

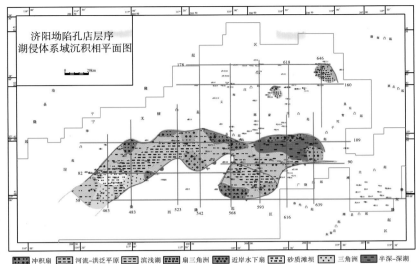

图 2-2 济阳坳陷孔二段沉积相平面展布图

2.1.2 孔二段古地理环境

孔店二段沉积期，济阳坳陷属于盆地的裂陷发育期，初期以玄武岩喷发为典型特征，局部地区有火山岩发育；到孔二段后期沉积时期湖盆基本形成。与之相应的沉积格局总体比孔三段范围明显扩大，沿济阳坳陷沉积边界，广泛发育冲积扇、辫状水系沉积，在东营凹陷和惠民凹陷，发育近岸水下扇－湖泊和扇三角洲－湖泊沉积体系组合，并已成相当规模(图 2-2)。

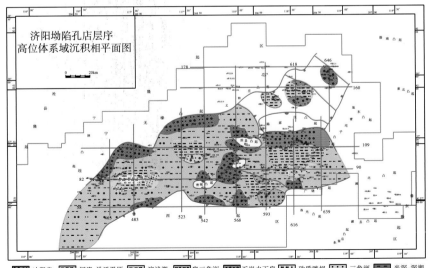

图 2-3 济阳坳陷孔一段沉积相平面展布图

2.1.3 孔一段古地理环境

孔店组三段沉积期，济阳坳陷属于华北地区抬升期和盆地的转型期，济阳坳陷以冲积、河漫、洪积平原沉积体系为主，湖泊水体浅且分布范围有限，仅在惠民凹陷中部、林樊家地区、阳信洼陷，东营凹陷北部、博兴洼陷，沾化凹陷的邵家洼陷、渤深1井区，发育孤立的滨浅湖——半深湖相沉积，相应在东营凹陷北带发育近岸水下扇，南部缓坡带发育三角洲，在惠民凹陷发育三角洲和滩坝沉积，在沾化凹陷局部发育扇三角洲沉积(图2-3)。

2.2 古湖泊物质沉积机理及分异规律

碎屑物质和化学物质在沉淀过程中要发生沉积分异作用(朱筱敏，2008；García et al.，2011)，这种特殊的沉积作用将形成特殊的沉积物，导致沉积物质在空间上按照一定化学和机械规律沉积下来(董春梅和林承焰，1997；张允白等，2002)，如分异程度很高，可以形成特殊的岩石类型和沉积矿产，如分异程度不高，则形成过渡类型的混合沉积。济阳断陷湖泊孔店期沉积环境属于干旱和潮湿交替的湖泊环境(操应长等，2011)，湖泊的机械沉积和化学沉积比较发育，硬石膏、岩盐和碳酸盐等化学沉积与碎屑物质的混合沉积比较普遍(岳志鹏等，2006)，钻井岩心资料显示岩性结构明显具有多旋回韵律性(谭先锋等，2013)，旋回的发生明显受气候因素和沉积介质因素控制，并具有一定的物质聚集规律(谭先锋等，2015a)。通过对30余口井岩性结构剖面详细对比表明，不同的湖泊沉积区带具有不同的沉积记录特征。在此基础上，建立了济阳坳陷断陷湖泊沉积环境分带及物质分异模式(图2-4)。

济阳坳陷孔店期发育四个断陷盆地，东营断陷湖泊是其中之一(吴智平等，2003)，并且最具有代表性。通过选取东营凹陷孔店组不同沉积区带单井进行岩性对比，详细研究其沉积记录特征(图2-4)，恢复原始湖泊的物质沉积规律。

(1)济阳坳陷箕状断陷湖泊同是机械沉积和化学沉积的重要场所，明显具有完整的环境分带，可以分为陡坡粗碎屑区、深水化学沉积区、半深水混合沉积区和缓坡机械沉积区。①陡坡带断裂活动强烈，地形高差较大，隆起带风化剥蚀物质迅速进入湖盆，可以形成一系列的粗碎屑近岸水下扇体(林畅松等，2003；谭先锋等，2010a)，由于该地区水体深度落差较大，主要以机械沉积物质为主，化学物质来不及很好地分异；缓坡机械沉积区-深水区具有很好的沉积分异规律，缓坡机械沉积区主要沉积碎屑颗粒，化学物质此时还尚未达到饱和度，主要是以少量氧化物为主；当湖泊水体达到一定深度，化学物质开始沉淀，首先沉淀的是

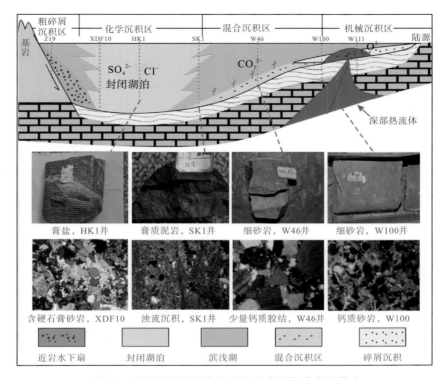

图 2-4　济阳坳陷断陷湖泊环境分带及物质分异模式

CO_3^{2-}，而机械物质此时并未完全分异，而粉砂级的颗粒发生沉积，出现了研究区大量存在的"砂-泥"互层的钙质碎屑岩，甚至会零星发育少量碳酸盐，W100 和 W46 砂岩中出现的大量基底式方解石胶结很好地证实了该结论；深水区主要以化学沉积为主，碎屑物质基本分异完全，只剩下少量"泥"级的黏土和粉砂到达该区。因此，在该区主要沉淀膏盐和泥岩互层的沉积韵律，石膏和石盐是该区域的主要沉积物质。②根据统计岩石组分含量和常量元素平均值数据，可以看到 W46 和 W100 两个井区的方解石胶结物的平均含量明显高于其他两个井区，但是硬石膏的含量明显在 HK1 和 SK1 井区较高，黏土矿物含量以 W100 井区最高(图 2-5a)；元素方面，W46 井区明显具有较高的 Ca 含量，HK1 井明显具有很高的 Al 含量，这主要跟 HK1 井区沉积黏土矿物有关，HK1 井明显具有较高的 Fe 和 K，说明处于深水的环境(图 2-5b)。矿物和元素的物质分异也很好地证实了四个沉积分带的存在。

　　(2)混合沉积作用普遍存在于各个沉积区。尽管进行了沉积区划分，但机械沉积和化学沉积分异作用的同时进行导致了混合沉积作用普遍存在，这种混合沉积作用包括方解石、硬石膏、岩盐、黏土以及碎屑颗粒等以不同的方式进行混合。不同的部位混合沉积的方式存在较大的差异，湖泊的边缘主要以较粗碎屑物质与方解石等原生胶结物的混合沉积，滨浅湖地带存在泥－砂的薄层混合沉积层系，如 W100 和 W46 砂岩中存在大量的基底式胶结的方解石矿物；而湖泊中央深水浓缩区主要以硬石膏、岩盐以方解石胶结物和黏土、粉砂的混合沉积，如图 2-4 中的 XDF10 出现的砂岩中存在大量的基底式胶结的粉砂岩。混合沉积的发生主要跟湖盆水体的化学性质有关，是古气候环境的直接记录，湖盆中央的 SK1、HK1、W46 等井位显示，膏岩和膏质泥岩在纵向上呈韵律产出，反映了热气候环境的规律性变化。

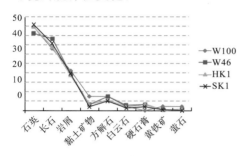

(a)矿物平均值对比图(根据 4 口井 300 多个样品点薄片鉴定资料统计)　　(b)典型元素含量平均值对比图(根据 3 口井 200 多个样品点常量元素分析统计)

图 2-5　济阳坳陷不同井位矿物－元素平均值对比

(3)湖泊中存在多个深部流体喷出点。通过对济阳坳陷 50 多口钻井岩性剖面进行统计，多个井位岩性剖面上出现了流纹岩和玄武岩等岩浆物质(张玉涛，2014)，如 C38 和 W111 两个井区，均出现了同期岩浆活动的证据，发育岩浆岩石类与沉积岩石类的互层产出；通过对这些井区的物质进行镜下鉴定，发现这些井区碎屑岩中存在大量的岩浆或深部卤水伴生的特殊矿物出现，如萤石、重晶石和天青石等，如 W100 出现大量的萤石胶结物(图 2-5a)可能跟 W111 井区的岩浆活动有关。深部流体的注入，导致了湖泊底部水体性质发生局部变化，可能会引起湖泊水体温度的升高，水体结构性质发生变化，改变了物质的分异规律。

(4)湖泊演化经历了多期次的物质聚集变化过程，物质聚集具有多旋回变化规律(谭先锋等，2013)。物质微观结构纵向演化表明，矿物和元素的富集明显受到气候变化的控制，热事件是影响聚集规律的重要因素。①孔店组一段地层沉积时期，湖盆碳酸盐物质含量逐渐增高，底部碳酸盐含量明显低于顶部(图 2-6、图 2-7)。图 2-6 显示，薄片 P20-P21 中碳酸盐胶结物最高，说明该时期处于稳定的水体环境，化学沉积分异作用强烈；②黏土矿物含量也出现规律变化，中部的 P11-P18 含量最高，说明该时期湖盆水体总体变深，主要以黏土物质沉积为主；图 2-7 显示，黏土矿物含量在红色地层中较高，而在中部的灰色地层中较低，黏土矿物含量的多少表明了风化作用的强烈程度，受到湖泊水深和风化作用的双重控制，造成了黏土矿物含量的旋回变化。这可能是极热事件之后的间歇性干旱气

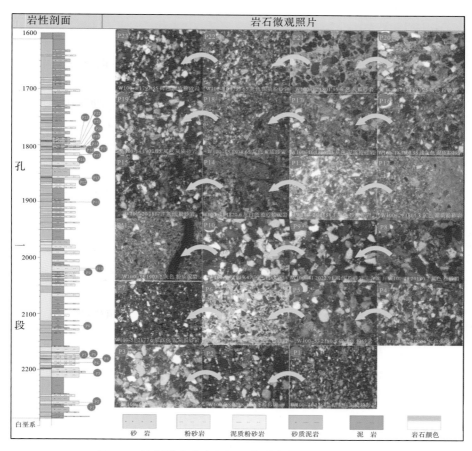

图 2-6　济阳坳陷孔店组沉积物质演化规律（W100 井）

候造成了强烈的风化作用，导致黏土矿物的含量剧增；③石英含量的多少则说明了湖泊水体的变化，加深的过程，则大量粗石英很难到达，含量变少；④矿物和主量元素含量的纵向变化显示（图 2-7），黏土矿物含量出现了由多到少再到多的变化过程，方解石含量逐渐增多，Al、Ca、Fe、K 含量有逐渐增加的趋势，证实了湖泊演化由碎屑物质沉淀到以化学和碎屑物质沉淀同时进行的变化过程，水体深度有加深的趋势，盐度有增高的趋势。碎屑物质微观结构表明，湖泊水介质和碎屑物质沉积演化过程中，碎屑物质、风化作用和水体的盐度变化控制了物质的沉积过程，形成了粗碎屑物质－化学物质－黏土矿物三个物质相态变化，物质的聚集明显受到了气候环境和水体性质的强烈控制，这跟该时期的间歇性热气候事件密切相关。

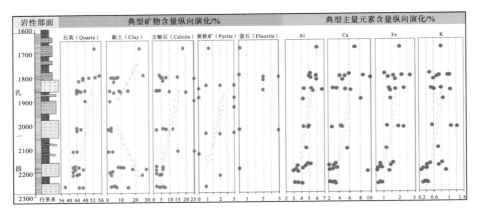

图 2-7　济阳坳陷孔店组典型矿物—元素纵向演化（W100）

2.3　古湖泊盐度分带及咸化过程

沉积记录中一般保留着反映古盐度的矿物、沉积构造和地球化学响应。济阳坳陷古近系孔店组岩石特征中记录着丰富的古盐度信息，如位于湖盆中央的XDF10、HK1、SK1 等井位，广泛发育着记录盐湖沉积的硬石膏和岩盐层（图 2-8），充分证实了孔店期主要为干旱的盐湖环境（岳志鹏等，2006；操应长等，2011）。岩石矿物学特征对古盐度具有一定的定性指示意义。空间上，滨浅湖地区的 W100 和 W111 井区，一般不发育盐类矿物和硬石膏，中央地区的 SK1、HK1、W46 井区发现多层石膏层和盐层，表明了中央带浓缩湖水化学沉淀比较占优势；纵向演化上，通过对比发现，中央带深水闭塞区孔二段中部发育了一套膏盐层，代表了该时期主要是热事件引起的干旱气候环境，孔一段下部发育了一套灰色地层，代表了极热气候事件之后的间歇温暖潮湿气候，孔一段中上部广泛发育膏盐层，岩石颜色多呈红色泥岩和砂泥岩，说明热气候的间歇性出现引起盐度的增高。岩石矿物特征证实了盐度盐度有向上逐渐咸化的趋势，代表了干旱气候引起的强烈湖水浓缩导致干旱咸化湖盆的形成过程。

地球化学手段可以有效分析沉积水体的古盐度，主要利用沉积磷酸盐法、同位素法和微量元素法来恢复古盐度，微量元素法应用比较广泛（王昌勇等，2014）。微量元素法通常有 B 计算和 Sr/Ba 比值，陆相淡水沉积物中 Sr/Ba 值小于 1.0，而海相沉积物中 Sr/Ba 值大于 1.0，Sr/Ba 值介于 0.5~1.0 的为海陆过渡的半咸水相；淡水湖相沉积中硼的含量最小，小于 60ppm，半咸水环境中硼的含量介于 60~100ppm，咸水环境沉积中硼含量大于 100ppm（Raiswell et al，1988；邓宏文，1993）。根据元素分析数据，建立了济阳坳陷东营凹陷断陷湖泊不同水体深度的古盐度时空分布图（图 2-8）。研究表明，东营凹陷古断陷湖泊古

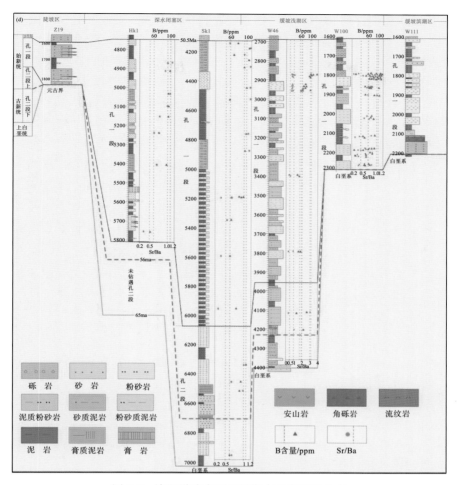

图 2-8　济阳坳陷古近纪早期古盐度时空分布

盐度时空演化具有如下特征：①空间上，滨浅湖缓坡环境 W100 及 W46 井区 Sr/Ba 比值主要在 0.2～1.0，W100 井区平均值为 0.72，W46 平均值为 0.84；深湖闭塞环境 HK1 和 SK1 井区 Sr/Ba 比值主要分布在 0.3～1.2，SK1 井区平均值为 0.92，HK1 平均值为 0.97；B 的含量变化具有相似的规律，滨湖缓坡环境 W100 和 W46 井区，B 含量主要为 20～100ppm，W100 平均值为 68.32ppm，W46 平均值为 74.63ppm；而深湖闭塞环境 HK1 和 SK1 井区，B 含量主要分布在 20～130ppm，SK1 井区 B 含量平均为 78.11ppm，HK1 井区 B 含量平均为 80.05ppm。两个古盐度地球化学指标表明，深湖闭塞环境盐度总体高于浅湖，这主要可能跟陆地淡水的注入有关。总体上看，孔店组基本属于微咸水湖泊的类型。值得注意的是，W46 井孔二段底部出现了一个比较异常的点，具有较高的

Sr/Ba 比值，比值达到 3.02，这可能跟某种特殊的生物活动或者是深部流体的影响有关。②时间演化方面，不同部位井位地球化学指标显示，盐度有从下到上逐渐增加的趋势。a.孔二段盐度总体较低，SK1 和 W46 井区 Sr/Ba 比值总体小于 0.5，B 含量总体小于 60ppm，只是孔二段中部出现短暂的盐度增高趋势，Sr/Ba 达到 1.0，B 含量达到 94.1ppm。孔二段中上部出现短暂的盐度增高，主要是受到该时期 PETM 事件的影响，局部高盐度与 PETM 事件出现的时间非常耦合，但由于该时期断陷湖泊发育的时间不长，水体浓缩程度不高，古盐度总体不高。b.孔一段盐度总体较高，由下到上明显呈现逐渐增高的趋势。W100 井孔一段样品点比较密集，可信度较高，孔一段中下部 Sr/Ba 比值总体较低，分布在 0.2～0.9，优势数值为 0.7，B 含量优势数值为 60ppm，说明中下部主要是以淡水－半咸水的过渡状态，湖泊水体开始咸化；而中上部 Sr/Ba 比值总体较高，出现了超过 1.0 的样品点，且优势数值为 1.0，B 含量同样较高，优势数值为 95 左右，说明孔一段中上部湖泊水体咸化程度较高。其他井位具有类似的演化规律，孔一段上部都具有较高的古盐度地球化学指标。以上分析表明，济阳坳陷早古近纪孔店期湖泊水体有逐渐咸化的趋势，但是中间具有多旋回的波动变化，主要原因是 PETM 事件之后，间歇波动出现了系列的热气候事件，持续加剧了湖泊的咸化过程。

有机地球化学指标也可以指示水体的盐度变化，可以作为很好的辅助证据。高含量的伽马蜡烷可以指示高盐度的沉积水介质（Peters and Moldowan，1993；王昌勇等，2014）。胜利油田分析测试数据表明，HK1 井孔一段 10 个样品伽马蜡烷值为 1.44～26.57，SK1 井孔一段 1 个样品伽马蜡烷值为 6.69，这两组数据证实了孔一段具有较高的盐度，属于咸化的湖泊环境。

2.4　氧化还原条件及湖平面变化

某些特定的常量及微量元素可以作为很好的氧化还原和水体深度判别指标。As、Cr、Mo、U、V 等元素含量与沉积环境的氧化还原条件有关，H_2S 的出现极其敏感（韦恒叶等，2012）。某些特殊的微量元素比值对氧化还原条件具有很好的指示作用，如 V/Cr、Ni/Co、Th/U 对沉积环境的判别效果较好。Th 和 U 在还原状态下地球化学性质相似，在氧化状态下差别很大（Yan et al.，2014）。在表生环境下，Th 只有 +4 价一种价态且不易溶解，而 U 则不一样。U 在强还原状态下为 +4 价，不溶解于水，导致它在沉积物中富集；而在氧化状态下，U 以易溶的 +6 价存在，造成沉积物中 U 的丢失。基于这两种元素的地球化学性质差异，沉积物或沉积岩中，Th/U 比值可以作为环境的氧化还原状态指示（Kimura and Watanabe，2010）。Th/U 值在 0～2 指示缺氧环境，在强氧化环境下这个比值可达 8(Yan et al.，2014)。V/Cr 在还原环境下，数值较大；氧化环境下，数值较小；Ni/Co 值越大，代表的还原作用越强；值越小，代表的氧化作用越强。沉积岩中普遍高的 V/(V+Ni) 比值(均＞0.7)也指示缺氧的沉积环境(Kimura et al.，2010)。在氧化条件下，Ce^{3+} 易氧化成 C^{4+} 被 Fe(m) 和 Mn(IV) 等氧化物胶体吸附而发生沉淀，湖水中 Ce 强烈负亏损；还原环境中，由于 Fe、Mn 氧化物溶解，Ce^{4+} 还原为 Ce^{3+} 而被释放出来，湖水中 Ce 相对富集。因此，也可以利用 Ce 含量的变化来判别环境中的氧化还原条件(Yan et al.，2014)。利用地球化学手段可以对湖平面进行研究，如利用微量元素特征，可以判别水体的深度(常华进等，2009)，Ni/Ti、Mn/Ti、Co/Ti、Sr/Ba 等比值，可以较好地判别水体的深度，Mn、Co、Ni 等元素主要代表深水环境，而 Ti 元素通常出现在浅水环境，比值越大，说明水体深度越大，Sr/Ba 比值越大，同样代表深度越深。

根据钻孔样品的采样情况，选取采样比较密集的 W100 和 W46 井样品进行氧化还原条件和湖平面波动变化分析，建立了氧化还原条件和湖平面波动变化综合图(图 2-9)。通过对比分析，主要具有以下特征。

(1)深水缓坡区还原指标高于浅水缓坡区，湖泊水体深度指数高于浅水缓坡区。地球化学指标显示深水区(W46) Th/U、V/Cr、V/(V＋Ni) 高于浅水区(W100)，说明了深水区还原性高于浅水区；深水区(W46) Ni/Ti、Co/Ti、Sr/Ba 比值均高于浅水区(W100)，证实了深水区整体湖水深度高于浅水区(图 2-9)。

(2)湖水深度和氧化条件有逐渐增加的趋势，但期间出现多次波动变化。①孔二段沉积时期 V/Cr、V/(V＋Ni) 较高，指示了该时期湖泊具有较强的还原条件，该时期总体处于缺氧状态，而 Ni/Ti、Co/Ti、Sr/Ba 总体具有较低的数值，表明该时期湖水深度较低，这与断陷湖盆的演化过程具有较好的耦合性，W46 井 P/E 界限附近表现出了较强的还原性，说明了极热气候事件对湖盆水体的氧化还原界面造成了影响。②孔一段地层沉积期，Th/U 值总体增高，V/Cr、V/(V＋Ni)、Ni/Co 比值降低，说明该时期氧化性总体增强；W100 井地球化学数据表明，尽管该井区只沉积孔一段地层，缺失 PETM 事件地层沉积，但热气候的周期性回返导致了该井区经历了 3 次氧化作用恢复期和 2 次还原期。而湖水深度指标显示，该时期 Ni/Ti、Co/Ti、Sr/Ba 总体表现持续增高的趋势，表明湖水深度较高，期间经历了多次湖水的波动变浅，W100 井地球化学指标显示，Ni/Ti、Co/Ti、Sr/Ba 比值在该时期较低，表明了该时期古水深总体较低。主要原因可能是在经历了全球极热(PETM)事件之后，始新世早期(孔一段)进入的全球气候适宜期(Zachos et al.，2001)，空气中含氧量增加，全球氧化作用增强，局部降水导致湖水持续上涨，加之热气候的间歇回返，引起了缺氧与还原环境的周期出现，孔一段宏观红色地层和灰色地层的韵律出现也证实了该时期氧化还原的动荡出现。

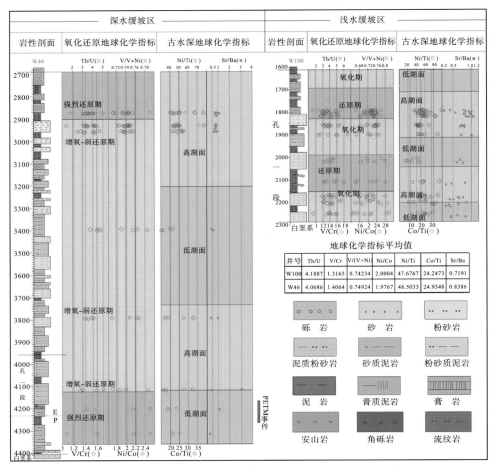

图 2-9　济阳坳陷早古近纪氧化还原条件与湖平面波动变化

（3）水体深度不是制约氧化还原条件的唯一因素，可能跟气候环境有关。W46 井地球化学指标表明，古近纪早期（孔二段）为强烈还原期，而该时期古水深指标指示了该时期具有较浅的湖泊水体，氧化还原与水深并非具有很好的耦合性。原因可能跟 P/E 界线附近发生了 PETM 事件，导致大气中 CO_2 浓度增加，气候干旱，尽管水体较浅，但由于全球大气中含氧量急剧减少，导致了湖盆水体的氧化还原界面较低，湖盆水体总体为缺氧环境，随着 PETM 事件的结束，大气中含氧量增加，湖盆水体的氧化还原界面上升，湖盆水体总体表现为氧化环境。晚期的间歇性热气候的回返，氧化还原界面的波动变化引起湖盆水体的氧化还原性的波动变化，导致了氧化还原性与水体深度的不耦合。

2.5　生物活动与古生产力

湖泊内植物进行光合作用时优先吸收$^{12}CO_2$，因此形成的有机质含有较多的^{12}C，导致岩中有机碳稳定同位素 $\delta^{13}C$ 值偏轻，即生产力越高，生成的有机质越多，$\delta^{13}C$ 值就越负；Mo、U 两种元素含量与湖泊生产力具有很好的耦合关系，含量越高，生产力越强；TOC 含量也可以作为判断古生产力的重要手段，其含量越高，古生产力越高(尹秀珍，2008；刘招君等，2012)。

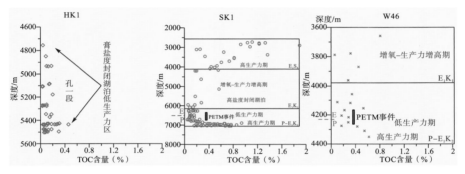

图 2-10　济阳坳陷古近纪早期 TOC 含量对比图(数据来源于胜利油田测试中心)

(1)为了揭示济阳坳陷古近纪早期断陷湖泊的古生产力状况，建立了研究区古湖泊环境不同沉积部位钻孔的 TOC 含量纵向分布(图 2-10)。①空间分布上，W46 井的古生产力总体较高，而 HK1 井古生产力普遍偏低；SK1 井生产力在孔店组出现较大的差异，断陷湖盆发育早期古生产力较高，随后出现一段时间的低生产力期，晚期出现了生产力的复苏，这种生产力的时空差异可能跟当时的气候条件和湖泊沉积部位有关。其原因可能是 HK1 井主要位于湖盆水体的高盐度区，不利于生物的大规模发育，只在湖泊表层出现少量的生物群落的繁衍，生产力较低；W46 井主要处于湖泊水体的较浅水部位，长期受陆源的影响，水体盐度总体较低，比较适宜生物的大量繁殖，是生物的理想生存场所；②纵向分布上，SK1 井较完整地显示了从 P_1K_2 到 E_2 时期的古生产力状况，古生产力经历了古新世早期的高值，到随后的低值，再到缓慢变高，到了始新世中晚期的沙河街组，古生产力明显具有较高的含量。W46 井尽管样品点较少，但是出现了类似的变化；③TOC 含量的极低值分布层段在 P/E 界线附近，与 PETM 事件发生的时间基本一致，这可能跟 P/E 时期的极热气候时事件有关，全球 CO_2 的增高和温度的增高，湖水的咸化，导致了大量生物的不适应，造成了古生产力出现短暂的降低。

(2)PETM 事件之后的系列热事件间歇出现引起了湖泊古生产力的波动变化，明显具有多旋回演化特征，W100 井孔一段地层记录了 PETM 事件之后的古生产

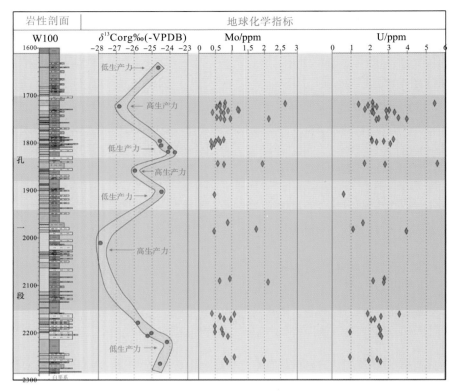

图 2-11　济阳坳陷古近纪早期古生产力纵向演化（W100 井）

力变化，明显经历了 7 个阶段的交替变化（图 2-11），δ^{13}Corg 值在 $-27.9‰$ 与 $-23.71‰$ 之间变化。第一个阶段 δ^{13}Corg 值均较大，一般大于 $-26‰$，该阶段对应于较小的 Mo 和 U 含量，说明该时期生产力较低，地层岩性记录上显示了红色的氧化沉积物，也证实了该阶段生产力较低；第二阶段为 δ^{13}Corg 达到了 $-28‰$，该阶段出现了较高的 Mo、U 元素含量，说明该阶段生产力较高，该阶段持续时间较长，说明生物活动繁盛，后期保存较好；第三阶段为生产力的再次降低，地层记录出现红色泥岩为背景，说明该时期气候干旱炎热，氧化程度高，生物生产力较低；第四个阶段出现了生产力的短暂变高，δ^{13}Corg 值有所降低，Mo、U 元素出现短暂升高；第五阶段为生产力达到最低，δ^{13}Corg 值达到最高，Mo、U 元素值出现响应的低值；第六阶段生产力短暂降低，δ^{13}Corg 值有所降低，Mo、U 元素出现短暂升高，沉积记录显示主要为灰色的泥岩，说明该时期的深水环境有利于保存生物有机质；第七个阶段为生产力最后一次降低期，δ^{13}Corg 含量较高，沉积记录主要为红色的泥岩地层，说明生产力较低。据此说明了 PETM 事件之后的系列热气候时期的干旱环境影响了湖盆水体的生物活动和生产力的高低。

第 3 章 旋回沉积记录及成因机理解释

3.1 层序旋回界面特征及时空属性

层序地层研究的关键在于对各级层序界面的识别，层序界面是一个具有特殊意义的界面，在野外露头、钻井、电测曲线、地震剖面、古生物组合、地球化学等方面均有一定的特征。层序界面的识别，在于对这些特征的描述和认识，不少学者都开展过有意义的研究，一方面，重点探讨层序界面的识别方法（董清水等，1997；操应长等，2003；曲希玉等，2007）；另一方面，重点探讨层序界面地质特征及意义（辛仁臣等，2008；刘家铎等，2009）。通过对层序界面的识别、特征及意义的探讨对层序划分及全区格架建立具有重要意义。

3.1.1 层序旋回界面识别

1. 地震剖面识别

通过济阳坳陷惠民 561 测线和 1297 测线可以看出（图 3-1），孔店组底界为区域性下超不整合界面，该界面局部地区可以出现层序Ⅰ与中生界地层接触，对于济阳坳陷大部分地区，一般为层序Ⅱ或层序Ⅲ直接与中生界或古生界地层直接接触，反映了古近系沉积以前的古地理面貌。孔店组层序顶界，即层序Ⅲ与沙河街组接触，一般出现沙四段下超界面之上和孔店组顶超，为另一个构造层序不整合

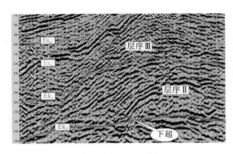

(a)底界(惠民 561 测线)

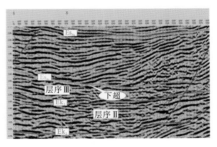

(b)顶界(惠民 1297 测线)

图 3-1 济阳坳陷孔店组层序界面反射特征

界面。另外，孔店组层序内部，地震反射特征只能在局部地区可以看到明显的特征，区内大部分地区反射特征不是很明显。

2. 钻井剖面识别

通过区内 50 口典型钻井资料分析，对济阳坳陷孔店组层序界面进行了钻井剖面识别。岩性上，主要表现为古风化壳、渣状层、岩相岩相转换面，不同层序界面特征差异很大，钻井岩心识别结果总体表现出三个方面的特征：①同一层序界面，不同部位差异较大，盆地边缘一般表现了不整合面，盆地内部，层序一般呈整合接触；②不同层序界面，层序特征差别较大，一级、二级层序界面识别特征明显，岩性具有较大差异；③岩性上，层序界面可以出现差异较大的特征，也以相似岩性为特征，需要仔细研究。通过对几个层序界面的识别结果显示：①孔店组底部层序界面比较容易识别，岩性突变较大，界面底部一般表现为中生界碎屑岩及古生界碳酸盐，界面之上岩性一般为砂砾岩、泥岩，颜色主要为红色，研究区盆地边缘物源充足的地区均发现了该类底砾岩(图 3-2)，总体表现为孔店组底部的泥岩、砂岩等与下覆地层的灰岩、火山岩及砂砾岩成为不整合界面。电阻率曲线上表现为界面之下为高阻，界面之上为低阻；自然电位曲线上表现为界面之上为低幅或直线型，界面之下为低幅直线型或箱型；②孔店组内部，主要表现为岩性的突变，盆地边缘主要表现为湖盆水体变化过程引起的沉积岩石的变化，湖盆中央主要表现为整合的接触，沉积岩石岩性变化不大。层序界面内部，主要通过岩性变化、颜色变化来识别层序界面。

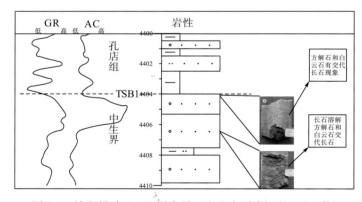

图 3-2　济阳坳陷 TSB1 层序界面之上底砾岩沉积(W46 井)

3. 岩电特征识别

层序界面反映了一定时期的沉积间断，必然会在岩性和电性特征上有所表现，前人曾对沙河街组进行了层序界面的测井识别(操应长等，2003)，本次通过对孔店组不同层序界面岩电特征进行研究表明，识别出不同成因层序界面特征，具有类似的成因特征。

①岩性不同引起的岩电突，声波时差及其他曲线在层序界面上下会出现折线，或者突变。这种岩电差异容易辨别，通常没有因为界面引起的一些异常，而是跟上下地层保持一致。有些地层则没有明显的折线，而是比较平稳地过渡，这也反映了岩性变化的层序界面特征(图 3-3a)。该类型层序界面反映特征比较多，有时声波时差没有明显的特征，这就需要借助其他测井资料来识别。②不整合(层序界面)引起的沉积地层缺失，该类界面通常界面之下声波时差会较大，界面之上声波时差较小，处于正常压实(图 3-3b)；原因在于不整合面代表沉积的间断，在界面之下的地层由于构造抬升或者是海平面下降，经历了长时间的压实间断，而界面之上为正常沉积－压实成岩，因此测井曲线必然有所反应。③古风化壳，该类层序界面相对应的声波时差值变大(图 3-3c)。主要是由于不整合遭受风化剥蚀，保留在原地的风化残积物形成风化壳，并使孔隙度急剧增高。如后期被湖侵泥岩覆盖，并成为致密层。该风化层便会形成异常压力，保护原始孔隙度，

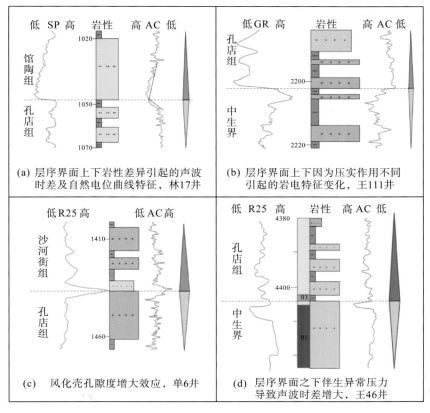

(a) 层序界面上下岩性差异引起的声波
时差及自然电位曲线特征，林17井

(b) 层序界面上下因为压实作用不同
引起的岩电特征变化，王111井

(c) 风化壳孔隙度增大效应，单6井

(d) 层序界面之下伴生异常压力
导致声波时差增大，王46井

图 3-3　济阳坳陷层序界面声波时差测井响应

从而使声波时差出现异常的高值。④与不整合面或层序界面伴生的异常压力，主要为不整合面之下孔隙度增高引起的声波时差高值(图 3-3d)。除此之外，层序界面岩电特征还有其他反应，比如由于沉积速率不同而导致岩电反应不同等。

4.元素地球化学标志

元素地球化学不但可以用来反映沉积环境，而且不同沉积环境也有不同的组合特征。层序界面上下地层形成于不同的沉积环境，沉积水介质以及古气候等特征，沉积物中的微量元素特征及比值特征均有所差异。因此，可以利用微量元素组合特征来识别层序界面，从而使层序界面识别以及层序划分更加定量化。如HK1 井，从区域位置上看，处于盆地中央部位，层序界面的超覆特征不明显，沉积环境继承性比较强。但是从图 3-4 可以看出，元素尽管相差悬殊不大，但是明显存在突变效应，沙四段/孔店组层序界面之上，K 增高，Na 明显减小，Mg 减小，Fe、Al 都明显增大。研究表明，微量元素的增减都反映了气候和沉积水介质的变化，该界面的变化趋势，充分说明了沙四段时期，随着断陷作用的持续，水体不断加强，同时气候比较干旱，盐度逐渐增加，氧化作用增强。

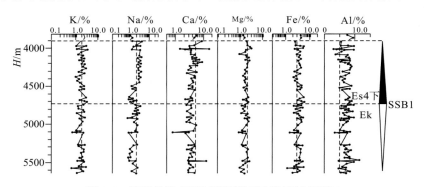

图 3-4　济阳坳陷 SSB1 层序界面元素特征(HK1)

3.1.2　层序旋回界面时空属性

不同级别的层序界面与不同级别和规模的不整合面及整合面相对应。本次研究运用陆相盆地层序地层学原理，识别出了济阳坳陷古近系孔店组三个级别的层序界面，共 4 个层序界面(图 3-5)：一级不整合面是盆地同裂陷期地层顶、底之间的不整合面，即 TSB1 界面，对应地震反射 T_R 层，该界面为区域不整合面；二级不整合面是裂陷幕之间的不整合面，即 SSB1 界面，对应区域地震反射 T_7 层，该界面为范围较大的区域界面；三级不整合面是局部不整合或沉积间断面，即 SB1 和 SB2 两个三级层序界面。

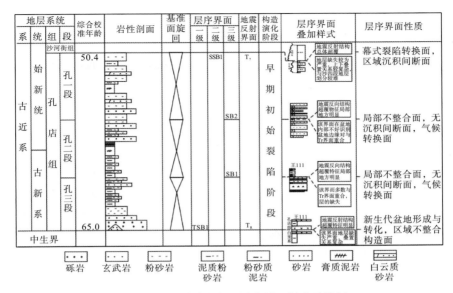

图 3-5　济阳坳陷孔店组层序界面划分及特征

1. TSB1 层序界面的成因及地质意义

该层序界面为一级层序界面，主要为古近系与下覆地层之间的分界面，地震剖面表现为 T_R 反射层。接触关系上主要表现为削截、侵蚀，上覆地层主要为上超关系。界面之下为古近系时期断裂基底，之上同裂谷期沉积。该界面不同地区有不同的接触关系(图 3-6)。界面之下发育下白垩统安山岩及火山碎屑岩，具有典型的高电阻测井曲线特征，界面之上发育电阻率相对较低的孔店组($E_{1-3}k$)砾岩夹红色泥岩，界面定年约为 65.5Ma(图 3-6)。

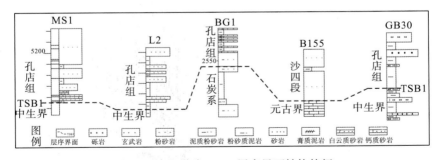

图 3-6　济阳坳陷 TSB1 层序界面结构特征

通过对研究区 TSB1 层序界面的研究表明，界面上下地层差异较大(图 3-6)，主要表现在 4 个方面：①孔店组假整合接触于白垩系之上，该类界面主要分布于盆地沉积区；②孔店组三段、二段缺失，孔一段直接接触于下伏地层，表明孔店组在该时期处于无沉积或者是剥蚀状态；③孔店组直接接触于古生界，甚至是元古界地层之上，该类界面表明处于剥蚀区；④孔店组缺失，沙四段或者是更新地层直接接触于前第三系地层之上，剥蚀时间更长。

该界面的形成与晚白垩世末期渤海湾盆地整体抬升、剥蚀形成的区域性不整合有关（冯有良等，2010）。早期盆地在挤压构造环境下，白垩纪末期，发生了一次大的构造翻转，整体抬升遭受剥蚀（董清水等，1997；操应长等，2003）。在盆地斜坡呈上超不整合接触现象，而在盆地中部多表现为平行不整合接触。孔店早期，济阳坳陷开始断陷沉积时期，伴随强烈的岩浆活动。盆地普遍发育上超结构的充填结构（向立宏等，2009）。层序界面特征较明显，该界面代表了白垩纪末期的强烈抬升、侵蚀作用，具有较好的区域意义。该界面不但可以成为油气运移的通道，具有区域的油气意义，也可以为孔店组地层成岩演化提供流体来源的通道（谭先锋等，2010d）；另外，爆发于该界面附近的岩浆作用，对沉积介质以及成岩演化也造成强烈的影响。

2. SB1 层序界面成因及地质意义

该界面为三级层序界面，是划分孔三段和孔二段两个三级层序的界面。从区域意义上看，该界面超覆特征不明显，主要表现为盆地内部的整一接触。该界面少数情况下在钻井上表现为连续整一接触，多数情况表现为孔二段直接超覆于下伏地层之上。

研究表明，该界面主要表现为两个方面的特征：①孔二段直接孔三段接触，该界面表现为假整合，钻井剖面上不易判断，主要通过孔三段与孔二段的岩性差异和颜色差异来划分；②孔二段直接与下伏地层接触，超覆于下伏地层之上，往往位于盆地的边缘地带，孔三段时期处于无沉积或者是剥蚀状态，地震剖面上也具有较好的超覆现象（图 3-7）。

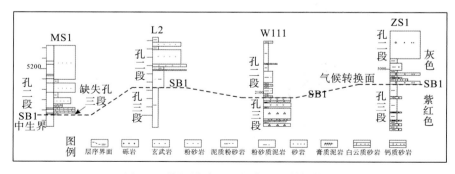

图 3-7   济阳坳陷 SB1 层序界面结构特征

该界面并非区域性的界面，孔店组三段沉积时期，整个济阳坳陷除了少部分地区接受沉积之外，大部分地区均未接受沉积，气候润湿，由于暂时性流水带来的沉积物，在低洼地区沉积下来，形成了区域性的红色沉积物。另外，孔店组三段局部地区还形成了底砾岩沉积直接超覆于下伏地层之上。而孔二段沉积时期气候开始变化，沉积了一套暗色沉积物。因此，在界面的主要原因在于气候的转变造成的沉积旋回变化。空间上，SB1 层序界面一般在惠民凹陷、东营凹陷断陷发育的局部地区有零星分布，反映了断陷盆地演化的开始。

3. SB2 层序界面成因及地质意义

该层序界面为三级层序界面，主要为划分孔一段和孔二段的界面。从区域意义上看，该界面超覆特征不明显，与 SB1 界面类似。但不同的是，该界面在研究区广泛发育，多数情况下可以见到孔一段与孔二段直接接触。该界面主要表现为两个方面(图 3-8)：①孔二段与孔一段直接接触，该类情况一般不会出现超覆现象，多为整一或者假整合接触；②孔一段直接超覆下伏地层之上，与 TSB1 和 SB1 界面三合一，统一称为 TSB1 界面，该类界面主要发于盆地边缘地区，超覆现象非常明显。

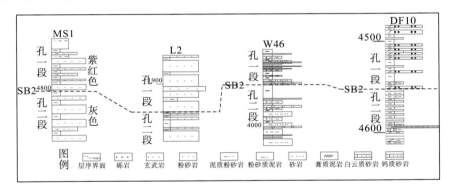

图 3-8　济阳坳陷 SB2 层序界面结构特征

与 SB1 层序界面类似，该界面并非全区域性的界面，从界面上下地层接触关系可以看出，主要为岩性的差异变化，为气候条件的改变所造成，为气候转换面。部分地区可见界面之上的砂砾岩，说明该界面为孔一段与孔二段的层序界面。空间上，SB2 层序界面主要分布在惠民、东营凹陷，车镇凹陷有零星分布。值得注意的是，由于断陷作用所造成的沉降中心和沉积中心的变化，孔店组时期可能在部分地区有沉积，而到了沙河街组变成了凸起，例如 L2 井，孔店组缺失沙四段。该现象表明断陷作用的转化和迁移，导致层序界面的差异。

4. SSB1 层序界面的成因及地质意义

该层序界面为沙四段与孔店组之间的层序界面，为二级层序界面。孔店组($E_{1-2}k$)与沙四段(E_2s^4)之间的不整合面(T_7反射界面)，是平行不整合在一些凹陷缺蚀，这是因为沙四段或孔店组在一些凹陷不发育所致。如车镇凹陷缺孔店组（$E_{1-2}k$），该不整合面地震上为 T_7 反射界面，表现为上超和削截接触。与下覆地层表现为棕红色砂岩与棕红色泥岩互层，古生物组合为沼泽拟星介。之上主要为紫红色、灰色、钙质泥岩夹石膏层，另外还发育美星介组合。测井曲线特征上，界面之上为高电阻率，之下为低电阻率特征。

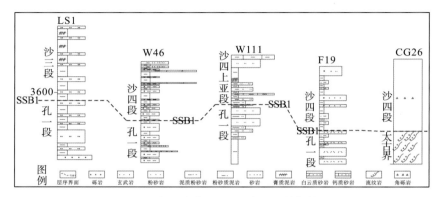

图 3-9　济阳坳陷 SSB1 层序界面结构特征

研究表明，该界面有四种接触情况：①沙四段直接与孔店组接触，该界面比较难以划分，均为红色沉积接触；②沙三段或者更新地层与孔店组接触，表明孔店组晚期，由于幕式断裂的影响，部分地区形成了断块，遭受剥蚀；③缺失孔一段，此类情况比较少见，但有少部分地区可见到，主要也是由于幕式断裂的影响；④沙四段直接与太古界接触，这种情况，整个界面在孔店组时期均未接受沉积，如图 3-9 中的 CG26 井地区属于这种情况。

孔店组时期对应于济阳坳陷裂陷一幕，地层由孔店组（$E_{1-2}k$）构成，顶界面为沙四段（E_2s^4）与孔店组（$E_{1-2}k$）之间的不整合（T_8 反射界面），其底界面为古近系与前古近系角度不整合，地震上为 Tr 反射界面，沉积特征主要表现为底部发育红色粗碎屑沉积，中下部发育灰色湖泊沉积，上部主要为红色碎屑岩沉积，构成了湖泊由扩张－萎缩的完整沉积旋回，并伴随火山作用的拉斑玄武岩。因此孔店组对应于裂陷一幕的完整时期，末期湖盆萎缩，部分地区形成平行不整合面和上超特征。该界面代表了裂陷一幕的结束（图 3-9）。

3.2　旋回沉积记录叠加样式

岩性资料集钻井资料显示，济阳坳陷古近系孔店发育多种方式高频韵律旋回（图 3-10）。该类旋回主要是指在岩性剖面钻井岩性上能直接识别的、几十厘米至几米厚的地层沉积记录，前人将这种旋回称为米级旋回（Anderson and Goodwin，

1990；陈留勤，2008）。该类旋回主要成因机制与差异成因机制控制下的间断－加积作用过程有关（梅冥相，1993，1995）。从沉积节律的基本特征来看，这种高频韵律旋回相当于王鸿祯和史晓颖（1998）定义的小层序以及 Mitchum 和 Wagoner（1991）定义的高频层序，也等同于高分辨率层序地层学中的中、短期基准面旋回和超短基准面旋回以及经典层序地层学中定义的准层序（Wilgus，1988；郑荣才等，2001）。不少学者也直接研究这类岩石地层单位的高频旋回性特征（程日辉等，2008；杨俊才和马飞宙，2014）。这些不同的定义中可以看出，米级旋回研究的基础在于对岩石高精度的认识，研究米兰科维奇旋回特性必须建立在对基本岩石特征的认识上。因此，研究米级旋回特征首先要对岩石的高频叠加方式进行系统研究。本书通过对研究区钻井剖面及岩性观察统计，总结了颜色旋回、岩性旋回的叠加方式，并通过对典型的钻井剖面 W46 井进行研究，系统总结了孔店组米级旋回发育特征。

　　　　(a)W46 井，2929.2～2953.1m　　　　　　　(b)W100 井，1815.3～1920.5m

图 3-10　孔店组钻井岩心高频颜色旋回特征

3.2.1　颜色旋回叠加样式

　　通过对济阳坳陷大量钻井岩性剖面微观尺度结构研究发现，济阳坳陷孔店组湖盆沉积记录中广泛存在颜色的旋回变化，这种旋回变化结构和样式复杂，多数与岩性具有相互关系。旋回变化过程中，主要尺度范围在 0.1～5m，典型的颜色变化为灰色与红色的互层，灰色岩性主要为砂岩、粉砂岩及泥岩，红色岩性一般为泥岩、泥质粉砂岩及粉砂岩等；另外还发现有紫红色、紫色与灰色等互层出现、红色与灰色互层出现等颜色微观尺度旋回变化，准确识别这些韵律旋回沉积记录方式具有重要的意义，主要有以下几种颜色旋回方式（图 3-11）。

　　（1）A 型颜色旋回（岩性与颜色同步协调变化）：由于岩性本身性质决定，这种旋回在研究区发育较广泛。通过对研究区大量钻井剖面进行总结，主要包括 6 种 A 型颜色旋回。A1 型表现为灰色砂岩－紫红色泥岩韵律产出；A2 型表现为灰色砂岩－紫色泥岩互层产出；A3 型表现为红色粉砂岩－紫色泥岩互层产出；A4

型表现为灰色砂岩与红色泥岩互层产出；A5 型表现为浅紫色粉砂岩－紫色泥岩互层产出；A6 型表现为浅灰色泥质粉砂岩－深灰色泥岩互层产出。另外一种变化表现为红色砂岩与灰色泥岩互层规律变化，虽然这类情况表现不多见，但研究区仍然有一定的发现。这种类型的旋回是研究区颜色旋回的主要类型。

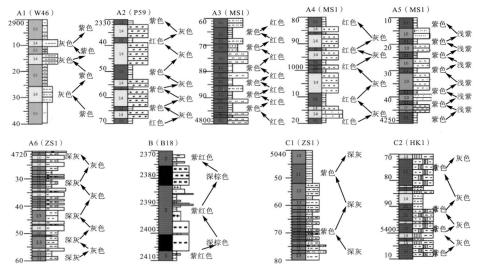

图 3-11　孔店组高频颜色旋回叠加样式

　　（2）B 型颜色旋回（跨越多种岩性的颜色旋回变化）：这种旋回变化的主要叠加方式与岩性无关，而是跟自身的颜色旋回变化有关，主要表现为颜色自身纵向变化呈现旋回性。图 3-11 中 B18 井颜色纵向上表现为深棕色－紫红色的交替出现，同种颜色类型纵向上包含了多种岩石类型，这类旋回变化在研究区也表现比较突出，既有灰色地层中的泥岩砂岩互层，也有紫红色地层中同时出现砂岩和泥岩互层。另外，研究区还出现红色与灰色的纵向交替，包含了粉砂岩和泥岩的岩石类型，这种旋回变化具有典型的气候效应。

　　（3）C 型颜色旋回（相同岩性的颜色自旋回变化）：此类旋回变化主要表现为岩性纵向上出现颜色的突变，呈完整的过渡，这类旋回变化在研究区也比较普遍，多出现在水体安静的环境中。C1 型表现为紫色泥岩－灰色泥岩的韵律互层产出；C2 型表现为紫色膏质泥岩与灰色膏质泥岩互层产出。少数情况下，还有一种为红色砂岩和灰色砂岩的岩性变化，这类旋回变化并不多见，主要体现了典型的气候变化效应。

3.2.2　高频岩性旋回叠加方式

　　通过对济阳坳陷大量钻井岩性剖面进行观察，孔店组存在大量厘米－米级的岩性旋回叠加，这种旋回叠加在空间上具有一定的组合形式，不同的组合类型反映了不同的成因。从形式上看，这种岩性旋回叠加表现为以下两种方式。

（1）粒序米级旋回：研究区主要粒序旋回沉积类型包括湖盆边缘的冲积扇－三角洲沉积－湖泊沉积体系，也包括湖泊－三角洲－浊积扇沉积体系。粒序旋回通常表现为正粒序和反粒序两种类型（图 3-12）。正粒序主要表现为冲积扇－泛滥平原的正旋回沉积、三角洲分流河道－河口坝－分流间湾正旋回沉积、三角洲前缘河口坝－浅湖正旋回沉积、退积型河口坝正旋回沉积；反粒序主要表现为浅湖－河口坝反旋回沉积、分流间湾－河口坝－分流河道反旋回沉积、分流间湾－河口坝反旋回沉积、前三角洲泥质沉积－前缘河口坝反旋回沉积、前三角洲泥－滑塌浊积扇反旋回沉积。这些粒序旋回厚度变化较大既包含低频的粒度旋回，可达几十米以上，也包含高频的粒度旋回，可以小于 1m，高频粒度旋回反应了在空间上的频繁变化。

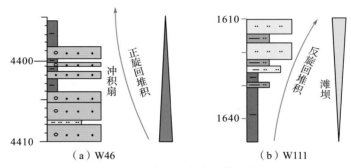

图 3-12　孔店组粒序米级旋回类型

（2）非粒序米级旋回：这种粒序旋回主要包括砂岩和泥岩的互层出现、泥岩和膏岩的互层出现，旋回厚度几十厘米至几米不等，这种旋回的显著特征是厚度不大，岩相变化频繁，旋回特征明显（图 3-13）。主要出现在滨浅湖、深湖－半深湖和盐湖环境中，这种旋回与海相潮汐旋回极其相似，明显受到天文因素影响。①砂岩－泥岩的韵律互层，这种韵律旋回既可以出现在颜色旋回引起的灰色砂岩与红色泥岩中，也可以出现在红色砂岩（粉砂岩）与红色泥岩、灰色砂岩（粉砂岩）与灰色泥岩互层中（图 3-13）。这种现象的发生，主要跟潮汐作用、物质供给和沉积共轭体系的自振荡有关（Humphrey and Heller，1995），即相同沉积背景可以同时形成砂岩和泥岩的互层，研究中发现这种岩性的转化特别普遍（图 3-13）。②膏质泥岩与泥岩韵律互层，此类旋回主要发生在盆地中央地带以及干旱盐湖环境中，表现为膏质泥岩与泥岩互层（图 3-13），岩相变化频繁（谭先锋，2013）。非粒序米级旋回在湖泊环境中是一种典型的高频韵律旋回，特征比较明显。

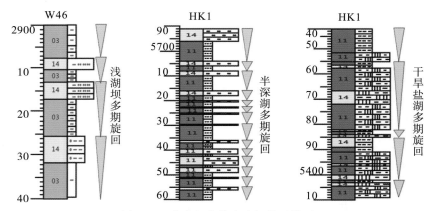

图 3-13　孔店组非粒序米级旋回类型

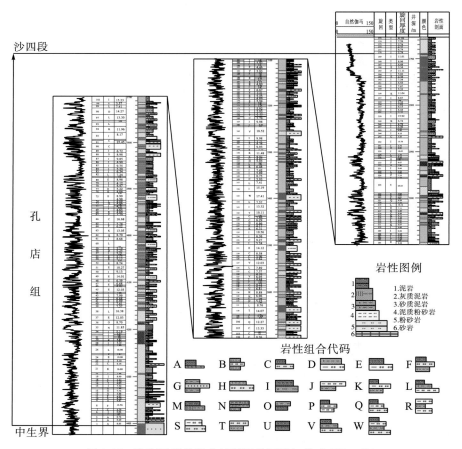

图 3-14　孔店组岩性组合特征及旋回叠加样式（W46 井）

3.2.3　米级旋回叠置样式

米级旋回在野外露头和岩性剖面上进行划分的时候有两点值得注意：①旋回界面均为岩性的突变界面，界面上下为较深水的沉积物直接覆盖在较浅水沉积物之上。②旋回内部通可以明显划分出两个沉积单元，下部单元水体环境较深，为海平面迅速上升阶段的产物。而上部单元属于稳定沉积环境的产物，水体环境较下部变浅（夏国清等，2010）。本次研究对 W46 井进行了米级旋回划分，并详细研究了其叠置关系。W46 井位于济阳坳陷南部缓坡带滨湖环境中，沉积物质供应变化频繁，是以灰色粉砂岩－红色泥岩－灰色泥岩为主的滨浅湖沉积，沉积水体比较稳定，沉积速率均匀变化，是研究米兰科维奇旋回的代表井位。

通过对岩性组构的详细识别和划分（图 3-14），在 W46 井孔店组划分出 23 种类型的岩相组合，共 6 种岩相类型：①强水动力石英砂岩粒序型，这种类型岩相主要发育在孔店组底部，与中生界地层分界，砂岩呈向上变细的正粒序；②滨湖潮下进积型滩坝砂体组合，这种类型岩相组合多以下部为粉砂、泥质粉砂等粗碎屑为主，上部以砂纸泥岩、泥岩等细粒碎屑物质为主；③滨湖潮下退积型滩坝砂体组合，这种类型与进积型刚好相反，类型下部为泥岩、砂纸泥岩等细粒碎屑物质，上部为粉砂岩、泥质粉砂岩等粗碎屑物质；④潮下泥岩－钙质泥岩坪，这种岩相组合多呈现泥岩的多旋回叠置、泥岩和砂纸泥岩、泥岩与钙质泥岩的多旋回叠置，受潮汐作用影响较大；⑤潮下膏岩坪，这种岩相组合在孔店组普遍发育，尤其是在湖盆中央，多以膏质泥岩与泥岩的多旋回互层产出，代表了旋回的发育特征；⑥滨湖潮上泥坪，这种岩相组合多以紫红色的泥岩为主，偶夹少量砂纸泥岩等岩性组合。这 6 种岩相组合代表了孔店组沉积岩相组合基本特征，进一步可以划分为 23 种不同的岩相组合特征。

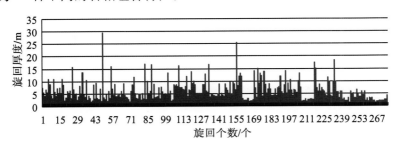

图 3-15　孔店组旋回厚度分布图（W46 井）

通过对 W46 井进行高频旋回划分，共划分出高频旋回 276 个（图 3-14、图 3-15），这些不同的旋回在垂向上构成了孔店组的旋回叠加样式。整个旋回发育过程中，厚度最小的为 1.48m，发育在第 246 个旋回中，厚度最大的为 29.6m，发育在第 49 个旋回中，旋回平均厚度为 6.28m。从旋回厚度分布图上看出，多数旋回分布在 1～6m 的范围内，超过 6m 的旋回数量占少数。

3.3　旋回沉积记录中的物质响应及聚集规律

3.3.1　旋回变化与矿物响应规律

碎屑岩由碎屑颗粒、杂基和胶结物构成，为了反映岩石内部构成与旋回沉积的耦合关系，对这几种成分进行了探讨(图 3-16，图 3-17)。

(1)碎屑颗粒反映了母岩区性质和搬运距离的长短，岩屑颗粒是矿物的集合体，早期风化作用和搬运作用直接控制了岩屑颗粒的大小。总体来看岩石碎屑主要为变质岩的岩石碎屑，纵向演化上，从孔店组沉积初期到晚期，变质岩岩屑有逐步减少的趋势，这可能跟孔店组晚期湖盆水体收缩，搬运距离变远，碎屑成分改造强烈导致减少有一定关系。宏观上看，红色泥质沉积物出现的地方，变质岩屑有减少的趋势，但岩石碎屑颗粒对旋回地层的出现似乎影响并不太大。

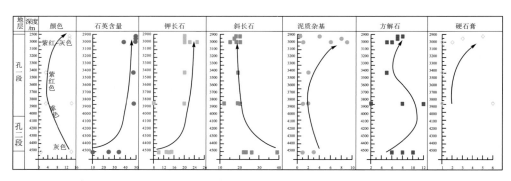

图 3-16　W46 井沉积旋回与矿物耦合关系图

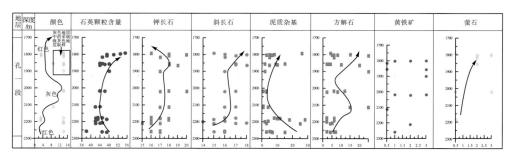

图 3-17　W100 井沉积旋回与矿物耦合关系图

　　(2)矿物颗粒包括石英颗粒(SiO_2)和长石颗粒，除非碱性环境下(谭先锋等，2010a)，石英颗粒比较稳定，一般很难溶解。谭先锋等对东营凹陷孔店组成岩作用镜下特征研究后，认为存在强烈的硅质胶结作用的石英矿物并非原生沉积(谭先锋等，2010b)。研究区石英次生加大并不是特别明显，只在少数井(如 W111 井，W113 井)中有少量发育，且在镜下鉴定过程中已经排除了次生加大部分的石英矿物，因此探讨石英颗粒与旋回沉积的物质耦合关系有一定的可信度。图 3-16、图 3-17 显示了石英颗粒纵向上逐渐增加的趋势，沉积旋回中，表现出灰色地层的石英含量普遍较低，红色地层石英颗粒总体较高。这可能跟湖盆水体变化有一定关系，湖盆水体加深的过程中，沉积物质处于还原环境下，物源区颗粒搬运到该沉积区的碎屑颗粒随之减少(这点也能从变质岩屑变化上体现)，石英颗粒很少能到达该沉积区；湖盆水体上涨过程中，沉积物质处于氧化环境。碎屑物质经历了长距离的搬运，成分成熟度大大提高，因此石英含量有所升高(谭先锋等，2013)。

　　(3)矿物颗粒中的长石包括钾长石和斜长石，该类型颗粒变化情况非常复杂。利用现今岩石的长石含量来试图建立与原始沉积环境的耦合关系并不理想。原因在于，长石在在地层成岩演化过程中要发生溶解。根据黄思静等(2009)提出的成岩过程中长石与黏土矿物的物质交换机制，认为同生期到埋藏初期，斜长石比钾长石更容易溶解；埋藏期如果沉积物中存在大量同期火山物质蒙皂石，钾长石比斜长石更容易溶解，而一般缺乏原生蒙皂石的地层，钾长石通常比斜长石更容易保存。通过大量的薄片资料分析，研究区孔店组长石含量较高，溶蚀作用发生较少，长石的含量基本反映了纵向的变化特征。图 3-16、图 3-17 显示了长石的纵向变化：①两类长石均有较高的含量，钾长石总体比斜长石含量稍高，这是由于斜长石比钾长石更容易溶解；②从旋回变化上看，两口井的纵向变化有差异，W46 井灰色地层钾长石含量比红色地层钾长石含量有更少的趋势，这可能跟石英颗粒的沉积原理类似，湖盆水体收缩，搬运距离变远，搬运过程中比较稳定的钾长石就更容易保存下来。而 W100 井灰色地层总体比红色地层钾长石含量有更高的趋势，这主要是因为 W100 井比 W46 井更靠近物源区，受搬运风化作用影响较小有关。③斜长石变化也有差异，W46 井灰色地层有比红色地层斜长石含量有更高的趋势，这与该井的钾长石呈正好相反的趋势，这跟石英颗粒的变化趋势有一定的耦合关系，因为红色地层湖盆收缩，物质搬运距离较远，稳定性较差的斜长石更容易溶解。值得关注的是，W100 井斜长石含量基本与钾长石有类似的变化趋势，均显示了红色地层斜长石总体比灰色地层斜长石含量更低的趋势，这一点两口井的变化趋势比较吻合。

　　(4)胶结物的的物质分配方式更加复杂，原因在于多数胶结物为成岩演化过程中的产物，与旋回沉积并没有太大联系。但有两种胶结物值得关注，一种是方解石胶结，另一种是硬石膏胶结。研究区方解石和硬石膏胶结比较发育（黄思静等，2009；刘志飞等，2007；谭先锋等，2010b，2010c；应凤祥等，2004），图3-16、图3-17显示了方解石纵向上的演化，特征表现为红色层方解石胶结稍微低，灰色地层方解石胶结稍高，硬石膏胶结特征表现为红色地层硬石膏普遍发育，灰色地层硬石膏不发育或者是很少发育，表现出了对沉积旋回比较灵敏的耦合关系。研究中也发现了一定数量的黄铁矿、萤石、硅质、重晶石等胶结，图3-17显示了黄铁矿胶结和萤石胶结与旋回变化并没有良好的耦合关系，这可能与后期的热液流体作用有关，形成了这类特殊的胶结物类型（谭先锋等，2013）。

（5）黏土矿物对沉积水介质和沉积气候条件比较敏感，并且伴随着与成岩流体之间的物质交换，黏土矿物要发生变化，最常见的是蒙皂石向伊利石的转化，导致利用黏土矿物定量测定其与沉积旋回的关系难度加大。刘志飞等（2007）利用黏土矿物来对南海第四纪沉积物进行物源分析和气候演化研究，对应于气候的各个级次的旋回变化，黏土矿物有相应的响应特征（刘志飞等，2007）。研究区黏土矿物（黏土杂基）从总量上看含量较低（图3-16、图3-17），红色地层黏土杂基总体较高。总量的变化除了跟沉积环境有关外，还跟所取的岩石类型有关系，因此黏土杂基总量与沉积旋回的耦合关系并不是很好。然而，不同沉积环境发育的黏土矿物组合具有明显差异。X衍射资料显示（表3-1），W46井上部红色岩层的高岭石和绿泥石含量较高，下部灰色岩层的高岭石和绿泥石含量较低，这与应凤祥等（2004）提出的在盐湖或干旱环境条件下，蒙脱石向伊利石和绿泥石转化的观点是比较吻合的；W100井的高岭石含量变化在下部的灰色地层含量较高，上部红色地层含量较低，也证实了下部灰色地层旋回的酸性水介质沉积环境，上部为酸性－碱性的沉积环境。

表 3-1   研究区孔店组黏土矿物 X 衍射分析

井号	井深/m	层位	岩石类型	黏土总量/%	黏土矿物相对含量/%				伊/蒙间层比
					伊/蒙间层	伊利石	高岭石	绿泥石	
W46	2924.83	孔店组	粉砂质极细粒长石砂岩	4.00	15	17	19	49	20
	2997.10		极细粒岩屑长石砂岩	11.00	33	20	19	28	20
	3787.69		中粒岩屑长石砂岩	5.00	24	20	15	41	20
	3791.35		含灰质极细粒长石砂岩	7.00	44	32	11	13	20
	4116.31		泥云质极细粒岩屑长石砂岩	47.00	23	68	3	6	20
WX131	2254.96	孔店组	泥质粉砂质极细粒岩屑长石砂岩	15.00	73	13	8	6	55
	2368.00		极细粒岩屑长石砂岩	4.00	62	22	8	8	20

续表

井号	井深/m	层位	岩石类型	黏土总量/%	黏土矿物相对含量/%				伊/蒙间层比
					伊/蒙间层	伊利石	高岭石	绿泥石	
W100	1855.95	孔店组	极细粒岩屑长石砂岩	8.00	69	14	9	8	60
	2017.00		极细粒长石砂岩	4.00	48	34	9	9	50
	2112.50		灰质极细粒岩屑长石砂岩	8.00	71	14	7	8	55
	2177.00		细粒岩屑长石砂岩	11.00	52	22	13	13	50
	2196.70		细粒岩屑长石砂岩	4.00	23	12	38	27	20
	2262.00		细粒岩屑长石砂岩	7.00	64	14	16	6	55

可以看出，砂-泥岩中的旋回变化与矿物之间有一定的耦合关系，这种耦合关系并非简单的线性关系。总体来讲，碎屑物质(石英、长石、岩屑、重矿物)反映了搬运分选、物质来源等，黏土杂基含量反映了水动力的强弱变化，但由于黏土杂基后期成岩演化造成了物质变化和迁移；胶结物比较复杂，一方面，部分胶结物反映了沉积条件，另一方面，后期的成岩流体也起到了重要的胶结作用，不能简单加以运用。

3.3.2　旋回变化与元素富集规律

用沉积地球化学方法分析沉积环境已经越来越得到沉积地质学家的重视，对于陆相盆地，特别是湖泊沉积环境，不同的沉积水介质条件和气候条件，对元素的富集有着重要的影响。某些沉积矿产在这种情况下发生。正如矿物质的富集规律一样，某些元素对沉积环境的反映可能更加有效。值得注意的是，元素特征除了跟原始沉积环境有关外，还跟后期成岩系统的封闭性有关系，外来流体的进入对沉积岩石的改造将改变元素分布规律。为了分析沉积旋回与元素的物质耦合关系，重点选取 W100 井、W46 井、W135 井部分样品进行了常量元素和微量元素分析(谭先锋等，2013)。

常量元素特征表现出一定的规律(图 3-18)，Al 的含量在红色岩层地区总体比较高，灰色地层含量较低，从下到上的演化为逐渐升高，主要受向上水体逐渐变浅，氧化环境所致。Ca 的变化比较为红色地层总体较低，灰色地层含钙质稍高，与旋回变化耦合关系并不是很好，这可能跟后期改造有关系，但总体变化表现出从下到上有升高的趋势。Fe 的含量从下到上表现出逐渐升高的趋势，湖盆水体变浅出现的氧化环境比较耦合。Mg 和 Na 并没有太明显的耦合关系。K 的含量却表现出从下到上有旋回升高的趋势。K 含量变化的影响因素较多，在开放的成岩环境中，K^+ 由于长石的溶解或者黏土矿物的溶解会被带走，因此，K 的含量可能与沉积旋回的耦合关系有关。

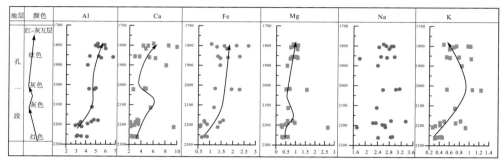

图 3-18　W100 井旋回与常量元素耦合关系图

微量元素的变化呈现出一定规律（图 3-19），Zn 的含量明显表现出旋回变化，与颜色旋回变化比较耦合；Co 和 Ni 的含量从下到上的演化，有逐渐增大的趋势，说明氧化环境更有利于两种元素的富集；Mn 和 V 的变化没有表现出明显的规律性；Ga 的含量总体趋势表现出从下到上逐渐升高的趋势，明显红色地层更有利于 Ga 的富集；值得重视的是，Sr 和 Ba 这两种元素从下到上呈现出逐渐减少的趋势，说明水体较深的还原环境更有利于两种元素的富集，而上部的氧化环境不利于它们的富集。图 3-20 也显示紫红色地层中 Sr 元素比 Ba 元素更富集；灰色地层较红色地层中 Mn 元素和 Ba 元素更富集。

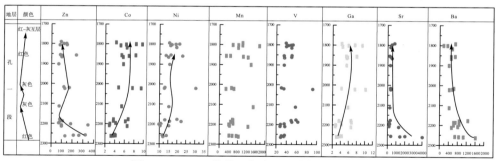

图 3-19　W100 井旋回与微量元素耦合关系图

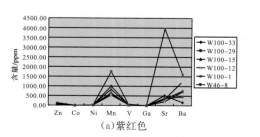

（a）紫红色

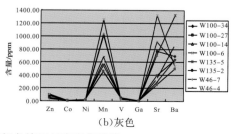

（b）灰色

图 3-20　研究区孔店组不同颜色旋回元素富集规律

　　元素的富集规律与环境的变化可以用元素的比值方法来进行研究，一方面利用元素比值法可以很好地研究沉积旋回及环境变化过程，另一方面也可以进一步确定旋回变化过程中的元素富集规律。①Sr/Ba 指数。陆相中，Sr 的含量随盐度的增加有明显增大的趋势。图 3-21 显示，Sr/Ba 总体小于 1，证明了该地层形成于陆相环境，且红色地层比值较高，说明了氧化环境的盐度较高，水体浓缩，有利于 Sr 的富集。②Sr/Ca 指数。可以反映古盐度，在海相沉积物中为低值，在陆相沉积物中为高值。泥岩中黏土矿物的离子交换能力会明显影响 Sr 和 Ca 的相对浓度，因为 Sr 的离子电位比 Ca 小，所以易为黏土所吸附。图 3-21 中显示纵向上演化有逐渐减小的趋势。③Fe/Mn 值，常称为近岸指数。由于 Fe 与 O 的亲和力高于 Mn 和 O 的亲和力，Fe 易于氧化形成 $Fe(OH)_3$ 而发生沉淀，因此，Mn 的氧化物比 Fe 的氧化物有更大的稳定性和迁移力，Mn 还可以形成可溶的重碳酸盐，增加 Mn 在溶液中的稳定性。图 3-21 显示红色岩层具有较高的比值，说明湖水变浅有利于 Fe 的富集，不利于 Mn 富集，灰色岩层具有较低的比值，跟红色岩层具有相反的特征；④V/Ni 比。几乎跟 Fe/Mn 比具有相似的演化规律，V 与 Ni 的地球化学行为较相近，V 和 Ni 趋向于富集在含硫化物的沉积岩中，但它们的聚集系数却不相同。通常情况下，V/Ni 值大于 1 为还原环境，而小于 1 为氧化环境。如果盐岩沉积时，盐湖为还原环境，其 V/Ni 值应大于 1，反之应小于 1。图中显示该地区 V/Ni 比均大于 1，但是明显灰色地层比值更高，红色地层比值更低，说明灰色地层的还原性比红色地层要高。该比值呈现出的特征总体大于 1，还可能跟成岩过程中岩浆和成岩流体的物质交换有关。

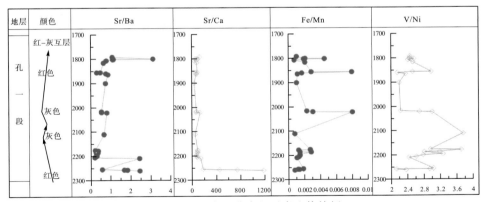

图 3-21　研究区孔店组元素比值特征

3.3.3　旋回沉积物质耦合关系讨论

　　通过对研究区孔店组旋回现象、矿物、元素特征进行详细分析，建立了旋回沉积宏观和微观物质耦合关系，研究结果证实了不同尺度的沉积旋回对宏观和微观的物质构成也具有一定的控制作用，沉积水介质条件和气候对物质的构成也具有一定的控制作用，导致了有些元素的富集，甚至形成某些沉积矿产，如干旱环境下，湖水浓缩容易富集岩盐和石膏，特殊的沉积水介质容易富集某种重要的稀有元素。这一点在现代沉积和矿产开发中得到了很多证实。然而，探讨沉积旋回的宏观和微观的物质构成和富集情况，并非是简单的对应关系。文中部分矿物和元素也并非那么有规律可循，原因在于自然界中沉积物到沉积岩再到后期演化的过程是非常复杂的。通过以上现象的认识，笔者认为有以下三个科学问题值得注意。

（1）沉积旋回与矿物之间的耦合，沉积旋回现象一般表现为粒度、岩性、颜色等的旋回变化，形成原因主要与原始沉积期的水动力、物质来源、气候、水介质条件等因素有关。对于海相碳酸盐旋回沉积非常普遍，且矿物成分相对单纯。而对于陆相湖泊环境的沉积旋回物质成分复杂，矿物成分与宏观表现的耦合关系是否那么完美？碎屑岩中常见矿物有石英、长石、碳酸盐、黏土矿物、石膏等。这些矿物类型除石英相对稳定之外，其他几种均容易发生溶解和迁移。前文建立的旋回地层与矿物的关系显示了一定的规律性，主要是基于颜色旋回的变化引起的矿物成分的差异进行的分析。尽管矿物在成岩过程中发生了一些改变，但该结果仍具有一定的规律性，如石英的含量与引起旋回的湖盆水体下降和上涨有一定的联系，长石含量变化，特别是在常温条件下容易溶解的斜长石的含量，也与引起旋回的水体变化有一定联系。黏土矿物的总量变化虽然不具有明显变化，但是通过具体成分的变化也能具有一定的变化规律。特别是石膏沉积的变化，比较能代表湖盆水体的水介质条件，因此与旋回变化耦合关系也比较好。总体上讲，宏观的旋回沉积到微观的矿物耦合关系比较好。

（2）矿物富集规律与元素富集的耦合关系，碎屑岩中的矿物构成决定了主要元素的含量，石英（SiO_2）、钾长石（$KAlSi_3O_8$）、斜长石（$Na_{11}Ca(Al_{11}Si_3O_8)$），蒙脱石（$(Al, Mg)_2[Si_4O_{10}](OH)_2 \cdot nH_2O$）、高岭石（$Al_2SiO_5(OH)_4$）、伊利石（$KAl_3Si_3O_{10}(OH)_2$）、绿泥石（$(Mg, Al, Fe)_3[(Si, Al)_4O_{10}](OH)_2 + (Mg, Al, Fe)_3(OH)_6$）、方解石（$CaCO_3$）、白云石（$CaMgCO_3$）、硬石膏（$CaSO_4$）等，这些矿物的存在，决定了岩石的元素富集。前文所述元素富集中，常量元素 Al、Ca、Fe 呈比较有规律出现，微量元素中 Zn、Co、Ga、Sr、Ba 具有一定规律。结合矿物的演化规律和元素演化规律来看，Al 的含量随着长石变化有规律地变化；Ca 的来源主要为斜长石、方解石和硬石膏，从演化关系的耦合来看，有比较好的耦合关系，局部存在异常现象主要是由于萤石的存在引起了 Ca 的异常；Fe 的来源有多种，绿泥石、黄铁矿为主要来源，红色地层中 Fe 的含量升高，导致 Fe 与这两种矿物的耦合关系并不是很好；微量元素比较复杂，Sr 含量和 Ba 含量均与旋回地层有较好的耦合关系，提供该类元素的主要为重晶石和天青石。研究表明，胶结物中存在这两种元素。总之微量元素自身对环境具有耦合关系，由于含量较少，镜下很难将矿物载体鉴定出来，但是微量元素对环境和沉积旋回比较敏感，特别是微量元素比值有很好的耦合关系。

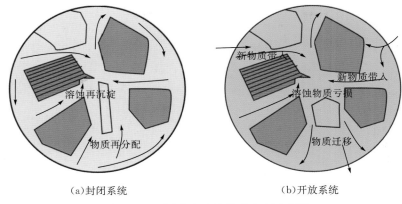

（a）封闭系统　　　　　　　　　　　　（b）开放系统

图 3-22　不同成岩系统物质分配示意图

（3）旋回沉积－矿物－元素耦合关系中，需要考虑成岩流体的改造作用。尽管沉积环境控制下的旋回沉积发生之后主要元素并不会发生太大改变，但成岩过程中的流体改造可能会起到很重要的作用，成岩系统的开放与封闭对原始沉积矿物和元素有不同的影响（图 3-22）。原始沉积矿物有时会在成岩过程中消失殆尽。如长石，虽然本文涉及的长石含量比较高，但对某些地层来讲，特别是经历了很长的地质时期，并且多期次成岩改造作用之后，长石可能会被全部溶解带走或者是转变成黏土矿物。开放成岩系统中，由于物质的迁移，会有新矿物的生成和部分矿物的溶解，封闭成岩系统中，由于流体的循环，导致部分元素重新组合，黏土矿物的转化是最好的解释，对于黏土矿物来讲，成岩改造之后就更难恢复与旋回的物质耦合关系。因此，对于原始沉积的矿物来说，无论是封闭环境还是开放环境，成岩改造的作用对旋回与矿物的耦合关系都是非常不利的。元素特征的情况更加复杂，如果是封闭成岩环境，沉积旋回地质体没有与外界物质交换，这种情况下，元素特征保留了原始的沉积信息，元素的聚集对于分析沉积环境和矿产资源开发都是非常有利的。如果地质体处于开放环境中，或者是某个时间段经历了开放环境，如构造活动和岩浆活动。这种情况下元素聚集特征与旋回分析耦合关系就非常差，前文所述元素特征中某些元素比较杂乱，无任何规律，可能就跟外来物质的加入有关。开放环境中，由于物质交换，可能还会富集之前没有沉积的元素和矿物，如 W111 井的底部沉积时期，就出现了火山物质，说明当时有岩浆作用，对沉积物进行了改造，因此在 W111、W113 等井位中出现了萤石、天青石、黄铁矿、硅质胶结等物质，这些物质的出现提供了 Sr、Ca 等元素，可能会对元素分析造成很大影响。因此，在进行元素富集规律分析的时候必须要考虑到该因素的影响。

3.4　旋回沉积成因解释

3.4.1　高频韵律旋回成因机制

1. 米兰科维奇旋回驱动作用

米兰科维奇旋回是南斯拉夫学者米兰科维奇提出的气候与地球轨道定量关系的理论(Milankovitch, 1941)。该理论认为，地球轨道三要素即偏心率、地轴倾角和岁差的周期性变化将引起太阳照射到地球的光照量的变化，从而引起周期性气候的变化(程日辉等，2008)。这种周期性的气候变化将对地球产生重要影响，引起地球海平面或者湖平面的周期性变化以及地表生物、岩石风化、沉积水介质等的周期性变化，这种变化必然体现在古代沉积记录当中。判断地层旋回时受米兰科维奇旋回控制，有三点值得注意：①推算地层旋回是否符合米兰科维奇旋回的周期；②旋回的沉积记录、古生物特征以及化学元素组成与米兰科维奇的气候效应有内在的关联；③由于区域气候效应，旋回特征应该具有区域性和代表性(李凤杰等，2008)。如果旋回沉积记录满足这三点，可以判断其受控于米兰科维奇旋回。

具体来讲，在某一地质历史时期，米兰科维奇旋回具有相对的稳定性，岁差、黄赤交角和偏心率周期之间的比值也具有一定的稳定性，如果能在旋回地层中找到与米氏旋回周期比值相等或相近的关系，就可以据此判断该时期的高频旋回受控于米兰科维奇旋回(夏国清等，2010)。济阳坳陷古近系孔店组旋回沉积是否满足这样的堆积原则呢？济阳坳陷古近系孔店组目前还缺乏系统的测年数据，只有依靠间接的方法求取。本次研究根据 Berger 等(1989)计算的地质历史时期米兰科维奇旋回周期的变化，付文钊等(2013)利用测井资料提取米氏旋回信息，对古生代—新生代地层进行了米兰科维奇旋回信息的提取，分别计算了岁差、黄赤夹角和偏心率周期在多套地层中的响应厚度及其变化特征。其中，新生代地层中岁差旋回层厚度的变化范围为 $7\sim11m$，优势旋回厚度为 10m；地轴倾角旋回层的厚度变化为 $14\sim26m$，优势厚度为 21m；偏心率旋回层的厚度变化为 $40\sim60m$，优势旋回层厚度 51m。徐伟(2011)等通过新生代对沙河街组进行研究，计算出古近系岁差周期则均为 $19\sim23ka$，斜率周期主要为 $38\sim51ka$，而偏心率主要周期为 $96\sim405ka$。这些研究根据不同方式证实了济阳坳陷新生代地层米氏旋回周期信息保存很好、旋回较稳定，明显受米兰科维奇旋回的控制。

通过对济阳坳陷孔店组不同沉积周期的叠加旋回进行数学变换，记录成频谱分布曲线，通过自然伽马曲线计算旋回厚度及厚度偏差（图 3-23），进而利用 Fisher 图解进行数学推算，得出了相应的时间周期。分析表明，孔店组旋回厚度偏差出现多旋回变化，说明可容纳空间变化频繁，高频气候旋回变化对湖泊的影响较大；另外，厚度增加最大的在第 52 个旋回处，说明该时期可容纳空间的增加较大，沉积物堆积速率最高；利用 Fisher 图解进一步进行计算，得出古近系孔店组岁差周期则为 19.2~23.4ka，斜率周期主要为 39.1~51.4ka，而偏心率主要周期为 95.3~403.1ka。该差值与古近纪超短期旋回、短期旋回和中期旋回的时间差基本一致，证实了孔店组湖泊相沉积旋回受控于米兰科维奇旋回。

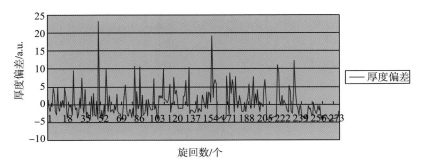

图 3-23　孔店组旋回厚度偏差分布图（W46）

2. 气候变化对高频岩性旋回的控制

天文因素通过影响气候条件，进而可以对沉积物造成强烈影响。研究区孔店期气候属于干旱与潮湿气候交替的环境，在沉积记录中必然有相应的沉积响应。气候因素可以造成沉积记录的颜色旋回变化。通过对不同颜色旋回岩石地球化学特征及元素比值来分析沉积水介质及气候环境。结果表明：灰色砂岩普遍比红色泥岩 Al、Ca、Fe、Mg 含量低，灰色砂岩 Sr、Ba、Mn 含量普遍比红色泥岩低。Mn 的高值说明了红色泥岩沉积水介质盐度较高（图 3-24）。研究表明这类变化主要是由滨浅湖的反复震荡作用造成，碎屑物质充足的条件下则形成粉砂岩，物质不充足则形成红色泥岩（谭先锋，2013；谭先锋等，2015）。这种情况下，物质的常量元素含量不能完全代表形成的气候环境和盐度。从元素比值来看，灰色砂岩和红色泥岩元素比值相差较小，证实了红色泥岩和灰色砂岩形成的环境非常相似，均属于红色干旱沉积背景。

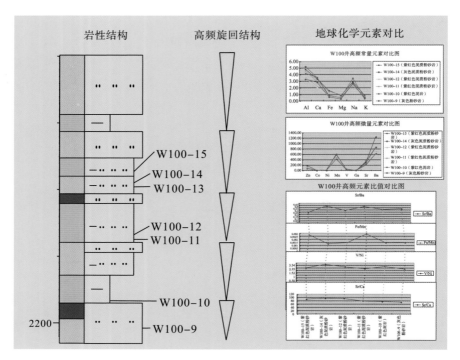

图 3-24　W100 井高频旋回与元素分布规律

3. 沉积水动力共轭震荡对高频岩性旋回的控制

原始沉积水动力条件是控制沉积记录的最直接因素，水体动力条件的变化可以导致沉积物质的改变，进而可以形成不同的沉积物质旋回。一方面，可以形成砂岩和泥岩的非粒序旋回，主要发育在滨浅湖环境中，这种旋回变化不存在岩性的粒序变化，而是随机地纵向叠置，只是泥岩与砂岩的互层。在受潮汐作用控制明显的碳酸盐潮坪环境中，灰岩和泥质灰岩互层广泛发育，代表潮坪沉积环境或是沉积环境的频繁变化。对于砂岩和泥岩互层规律出现的现象，一般认为跟水体动荡作用和物质来源有着重要的关系(谭先锋，2013；谭先锋等，2015)。在平面上，这种旋回变化可以发生在湖泊的任何部位，但滨浅湖当中广泛发育，少量半深湖环境下也会出现相似的旋回。滨浅湖沉积环境由于水体变化快、物质来源不稳定，粒度的粗细会不定时地规律变化，造成粒度上的砂-泥互层出现。另一方面，典型的沉积部位，如湖盆边缘的冲积扇沉积体系、河流、三角洲沉积体系对沉积旋回具有很强的控制作用，这种控制作用实际上体现了原始沉积水动力条件的变化。因此水动力条件的共轭震荡是旋回发育很重要的控制因素。

4.物质来源对高频岩性旋回的控制

物质的组成直接决定了岩石的宏观表现，实际上，岩石的旋回沉积记录均反映了物质的构成，也是对气候和环境的间接响应。水体的介质浓度和沉积规律直接决定了物质的组成，形成不同的米级旋回。这种控制作用一方面形成颜色旋回变化，例如颜色旋回中的 B 型旋回，直接反映了当时的沉积水介质条件和古气候条件。图 3-25 显示，灰色地层和紫红色地层各自包含了丰富的粒度信息，每种颜色均由较多的岩性构成，尽管 W46-5 号样品和 W46-7 号样品岩性均为粉砂岩，但元素分配方式却相差较大。主要表现在紫红色粉砂岩 Ca 值含量比灰色粉砂岩高；微量元素上表现出紫红色粉砂岩有较高的 Mn 值和较低的 Sr、Ba 值；元素比值表现出灰色地层有较高的 Sr/Ca 比值。一般认为 Sr/Ca 比值越高，盐度越高。陆相盆地中，Sr 的主要来源为陆源 Sr，因此 Sr 值越高，陆源物质提供越多，水体越浅。反之水体越深，陆源物质越少。因此，这种旋回变化跨越不同的岩性，主要跟湖盆水体有关，动荡的水体强烈改造了沉积物质的叠加方式。另外一方面，在干旱的盐湖环境下，随着气候和水介质条件的变化，可以形成膏岩与泥岩的互层。这种沉积环境水动力条件相似，但物质供应相差较大。例如 HK1 井旋回沉积记录，由于该井位于湖盆的中央，物质来源不丰富，缺乏大规模的粗碎屑物质。因此，缺乏砂体的规模沉积，搬运过来的一般为黏土矿物级的碎屑物质。膏岩与泥岩的互层出现其实并非有很大差异，很多情况介于两者的过渡类型。因此，旋回变化的膏岩与泥岩代表了盐湖沉积。只是在膏岩沉积时期，水体相对较干旱，浓度较大，泥岩沉积时期，水体较潮湿，盐度较小，以沉积泥岩为主。这种尺度的旋回变化代表了湖盆水体的物质供应条件和气候变化规律。

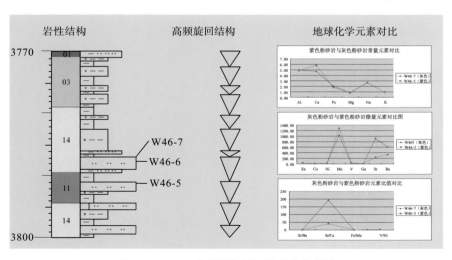

图 3-25　W46 井高频旋回与元素分布规律

3.4.2   滨浅湖"砂－泥"旋回沉积机制

滨浅湖环境中砂岩－泥岩的互层沉积普遍发育(王永诗等,2012,商晓飞等,2014a),不同的沉积条件下砂岩－泥岩的互层沉积的规律存在差异(胡元现等,2004)。根据东营断陷湖盆孔店期沉积格局,南部为浅水缓坡的滨浅湖环境,砂岩－泥岩互层沉积比较普遍(谭先锋等,2013)。在滨浅湖环境中,湖泊三角洲和滨浅湖滩坝是砂岩－泥岩互层沉积的重要载体(朱筱敏等,2013;商晓飞等,2014a;李安夏等,2010),直接决定了滨浅湖环境中砂岩－泥岩叠置方式和共轭厚度(Humphrey and Heller,1995)。

(1)滨浅湖浅水三角洲物质供应制约砂－泥互层沉积。湖泊浅水三角洲具有单砂体薄、复合砂体厚度大等特征,薄层砂体与泥岩多呈薄互层韵律产出(朱筱敏等,2013),东营凹陷南部地区地形平缓,南部的广饶凸起提供了丰富的物质来源,形成了大规模的湖泊三角洲沉积(图3-26),三角洲的持续向湖盆推进,在外缘可以具有典型的砂－泥互层沉积:①浅水型三角洲骨架砂体主要为砂岩－泥岩的复合型砂体(尹太举等,2014),这种三角洲由于地形平缓,分流河道,河口坝保存较困难,通常形成宽缓的砂岩与泥岩的互层复合型砂泥共轭沉积(朱筱敏等,2013)。②三角洲前缘席状砂,这类沉积主要为表现为砂岩和泥岩的薄互层产出,这类砂－泥互层沉积在东营凹陷南部地区的三角洲远端比较发育,其成因主要跟三角洲的物质供应和水系的发育情况有关;③三角洲侧翼滨浅湖滩坝,三角洲的水下分流作用形成了朵状堆积体,沉积物尚未固结,受到波浪作用的持续改造,可将部分砂体搬运到侧翼沉积下来,间歇性地形成不同规模的滩坝沉积,东营凹陷滩坝南部三角洲侧翼发育了一系列的该类滩坝沉积。该类滩坝主要跟三角洲的物质供给和滨浅湖的波浪作用有关。

(2)滨浅湖震荡作用对砂－泥互层沉积的影响。滩坝沉积主要跟物质来源、水动力条件和同生断层作用有关(商晓飞等,2014a),波浪作用的间歇性共轭震荡是形成滩坝的重要原因(Humphrey and Heller,1995;李安夏等,2010)。东营凹陷南部地区地形宽缓,水体总体较浅,属于典型的浅水型滨湖环境,波浪作用影响范围较宽,波浪作用的能量分带导致了滩坝的形成。滨浅湖滩坝根据物质来源和水动力的不同,滩坝的岩性和厚度有所差异,如果滩坝形成过程中,物质供应充足,湖泊水动力比较稳定,且能量分带明显,则可以形成较大规模的巨厚层滩坝(商晓飞等,2014a,2014b);如果物质供应不充足,湖泊水体动荡,能量变化较快,则形成砂－泥薄互层的指状砂体沉积,东营凹陷滨浅湖中的滩坝属于典型的薄互层滩坝;如果滨浅湖物质粒度较粗,加之波浪作用的加强,则形成砂砾质滩坝(高红灿等,2015),形成砂砾岩与泥岩的互层产出。根据湖泊滨岸水动力分异性，滩坝沉积可以分为滩坝中心、滩坝侧翼和滩坝间三个基本的沉积单元，随着水动力的动荡变化以及物质供给的周期性改变，滩坝的三个沉积单元与滨浅湖泥质沉积物交替发生，最终形成滩坝砂体与泥岩的互层沉积，其滩坝与泥岩的共轭厚度受控于水动力条件和物质供给。

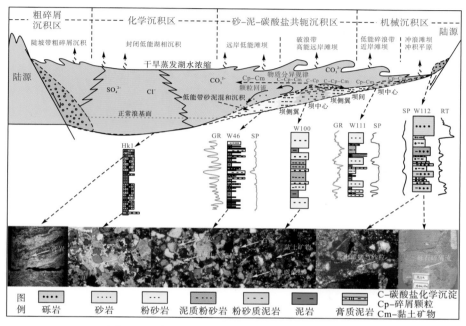

图 3-26 济阳断陷型盐湖砂－泥共轭沉积模式图

3.4.3 旋回沉积动力学模型

济阳坳陷古近纪孔店期是在中生代地层基础上发育的断陷湖盆，湖盆断陷早期气候总体比较干旱，伴随间歇性的潮湿气候。古气候和湖泊具有几个典型的特点：①湖盆断陷作用活动持续加强，随着断陷活动的加强，湖盆水体不断扩大，整体湖泊可容纳空间处于增加的趋势；②湖泊地形平坦，受海洋气候的影响较大，湖泊明显受到古气候、潮汐作用的影响，形成了一系列的高频旋回沉积响应；③湖泊发育过程中以干旱少雨的气候为主，形成了膏岩、盐岩和泥岩的互层，同时受到断陷作用的控制，湖盆水体不断加深；④湖泊岩浆活动频繁，伴随着断裂活动的进行，在湖泊中出现了岩浆的侵入作用，如 W111 井出现了玄武岩与砂岩互层的产出状态；⑤湖泊物质供给相对充足，在经历了上一个时期的造山运动之后，气候干旱，风化作用比较强烈，明显受控于气候的影响，导致物质沉积主要以干旱的红色物质沉积为主，总体沉积了一套红色的地层，局部地方沉积灰色的岩性。根据上述基本特征，在充分了解构造、沉积背景基础上，提出孔店期湖泊为震荡性干旱湖泊，并且发育明显，可以分为干旱期和高位的湿润期。据此，可以建立孔店期的高频旋回沉积动力学模型。

1. 低水位时期旋回沉积动力学模型

旋回的低水位时期，气候干旱，水体蒸发浓缩，济阳坳陷孔店期较长时间处于低水位干旱期，该时期水体较浅，干旱少雨。发育旋回的红色泥岩和砂岩沉积体(图3-27)。湖泊缓坡边缘地带，地形比较平缓，受潮汐作用明显，加之物源的持续供给，在该地区形成了大量的粒序旋回和非粒序旋回，且明显具有颜色旋回变化特性，是反应米兰科维奇旋回变化的典型地区，沉积响应比较灵敏。在湖泊中央地带，主要沉积一套膏岩层和泥岩的互层，这主要取决于沉积物质的供给，由于该时期受气候的影响，风化作用强烈，多以红色的细粒碎屑物质为主，因此多沉积紫红色-紫色的沉积体。湖泊陡坡边缘地带，主要沉积了粒序旋回，如冲积扇旋回、扇三角洲粒序旋回等沉积体。

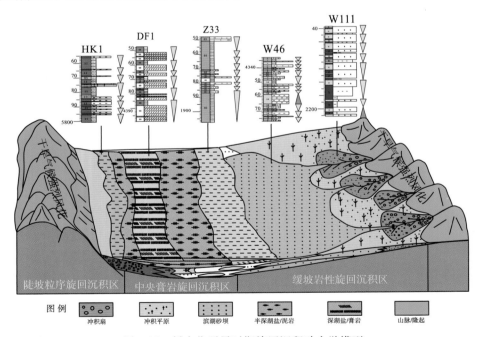

图3-27　低水位干旱时期旋回沉积动力学模型

2. 高水位时期旋回沉积动力学模型

高水位时期，湖盆水体较深，除了少部分地区为紫红色的岩性之外，大部分地区为灰色地层，也出现灰色的泥岩(图3-28)，高水位时期，湖水盐度低，沉积物质以黏土矿物为主,形成黏土岩。湖泊缓坡地区,水体加深造成了三角洲的后退,该区域物质供给不足,水体总体比较安静,湖泊处于短暂的还原环境,形成了一些灰色砂岩、泥岩沉积体,物质的供给成为旋回变化的关键因素;湖泊中央地带,尽管水体有一定加深,导致膏岩、岩盐沉积区大规模减少。但是整体来看,仍然有部分区域水流不畅,沉积泥质膏岩等沉积体,这是造成高频旋回中灰色膏岩段沉积记录的重要原因;湖泊陡坡地带,由于水体加深,冲积扇沉积基本过渡为扇三角洲沉积体,具有粒序旋回沉积,多数为正粒序的旋回沉积。

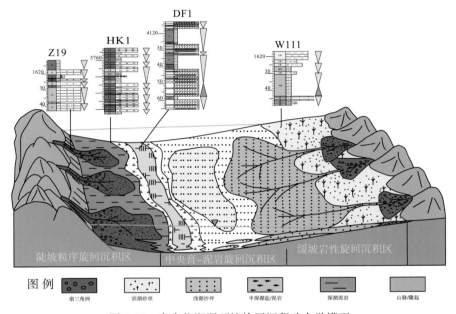

图 3-28　高水位潮湿环境旋回沉积动力学模型

第4章 成岩作用现象及差异性分析

4.1 成岩物质组成

4.1.1 微观物质组成总体特征

本次研究通过对济阳坳陷 G12、W100、WX131、W46、W135、W130、L90、HK1、SK1、W112、LG1、XDF10、L30、MS1 井的薄片资料 400 多个样品点进行分析，济阳坳陷孔店组深部碎屑岩以含砾砂岩、细砂岩、粉砂岩、泥质粉砂岩为主。岩性以岩屑长石砂岩为主(图 4-1)，含少量的长石岩屑砂岩。石英含量为 25%~60%，平均 34%；长石以钾长石和斜长石为主，含量为 30%~55%，平均 35%；岩屑含量为 5%~30%，平均 18%，以变质岩屑为主，其次为岩浆岩屑和沉积岩屑。云母片平均含量为 4.5%，主要以黑云母为主。磨圆度以次圆－次棱为主，成分成熟度较低，分选较差。

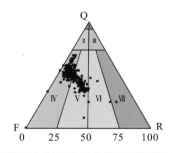

图 4-1 济阳坳陷孔店组砂岩分类图(底图据 Fork，1968)

通过对济阳坳陷孔店组 300 多组数据点统计表明，孔店组填隙物含量较高，含量为 2%~40%，平均 13%。杂基含量为 1%~40%，平均 5%，少量砂岩杂基含量较高，可达 15% 以上，代表了构造活动强烈，快速堆积的成因特点。研究表明，研究区杂基类型除了黏土杂基之外，还含有少量的灰泥质杂基。黏土矿物包括伊利石、伊蒙混层、绿泥石、高岭石胶结。胶结物含量较高，含量为 0.5%~40%，平均 10%，主要成分为碳酸盐胶结、铁碳酸盐胶结、硅质胶结、硬石膏胶结，少量含有菱铁矿胶结、萤石胶结、褐铁矿胶结、重晶石胶结等。主要为杂基支撑，也有颗粒支撑，颗粒间接触方式为缝合线接触。胶结方式为基底式胶结和镶嵌式胶结，基底式胶结中见有矿物的强烈变形，且胶结物之间的交代、穿插现象比较明显，表明该地区压实作用比较强烈。以上分析表明，研究区孔店组砂岩具有结构成熟度低、成分成熟度低的特点，物质组成方式具有以长石含量较高的特点，胶结方式主要以碳酸盐和硬石膏胶结为主。这种典型的早期物质组成决定后期的成岩演化中具有一些独特的成岩作用方式。如高长石含量决定了后期酸性物质的改造明显，同时也提供了高岭石胶结物的来源和石英次生加大的硅质来源，这是研究区高岭石含量较高和晚期石英次生加大的主要成因。

4.1.2　微观物质组成平面差异分析

通过研究不同井位的成岩物质组成特征表明，不同的构造部位距离物源的位置和沉积环境不同，物质组成存在较大差异，尤其是中央地带和南部缓坡地带，图 4-2 显示中央带主要以长石砂岩为主，北部陡坡及南部缓坡带主要以岩屑长石

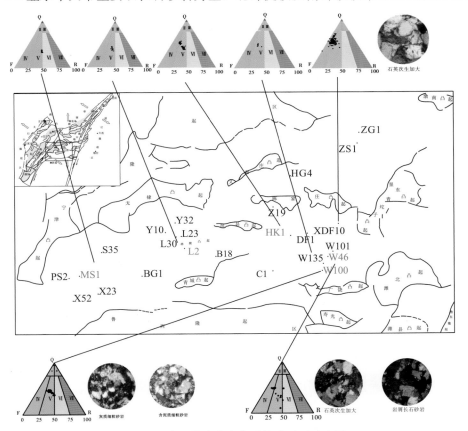

图 4-2　济阳坳陷成岩物质构成平面对比图

砂岩为主，甚至在 W46 井和 W100 井还出现了长石岩屑砂岩。具有代表性的井位物质构成特征如下。

1. 南部缓坡带 W100 井成岩物质组成

济阳坳陷孔店组 W100 井碎屑岩以含泥质细粒砂岩、灰质细粒砂岩为主，岩性以长石砂岩为主(图 4-3a)，含少量含碳酸盐质极细粒长石砂岩。石英含量为 42%～58%，平均 43.8%；长石以钾长石和斜长石为主，含量为 30%～40%，平均 33.6%；岩屑含量为 2%～25%，平均 22.54%，以变质岩屑为主，其次为岩浆岩屑和沉积岩屑。

孔店组 W100 井杂基含量为 1%～28%，平均 6%，少量细粒岩屑长石砂岩和泥质极细粒岩屑长石砂岩杂基含量较高，可达 25% 以上，代表了构造活动强烈、快速堆积的成因特点，研究表明，研究区以少量细砂、粉砂。岩屑为石英、结晶、喷出、泥质、灰岩岩屑及方解石碎屑等。泥质鳞片结构方解石微－细晶结构。泥质部分呈团块状分布。黏土矿物包括伊利石、伊蒙混层、绿泥石、高岭石胶结，以高岭石为主，星点状结构。铁白云石微－细晶结构。孔隙连通尚可，次生孔主要为粒间溶孔，其次为粒内及颗粒溶孔。胶结物含量中等，含量为 2%～30%，平均 5%，主要成分为方解石胶结，白云石胶结，铁方解石胶结。

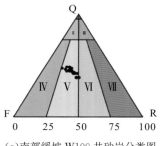

(a)南部缓坡 W100 井砂岩分类图

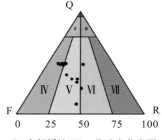

(b)南部缓坡 W46 井砂岩分类图

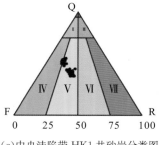

(c)中央洼陷带 HK1 井砂岩分类图

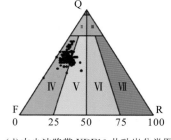

(d)中央洼陷带 XDF10 井砂岩分类图

图 4-3　不同构造区带砂岩分类图

2. 南部缓坡带 W46 井成岩物质组成

W46 井深在 2000～4500m，碎屑岩以含碳酸盐砂岩、中粒砂岩、含灰质砂岩为主。岩性以岩屑长石砂岩为主（图 4-3b），有少量含碳酸盐长石砂岩。石英含量为 10%～50%，平均 40.94%；长石以钾长石和斜长石为主，钾长石含量为 8%～25%，斜长石为 15%～39%，平均 38.13%；岩屑含量为 1%～40%，平均 19.8%，主要是由岩浆岩、变质岩、沉积岩组成，以变质岩屑为主，其次为岩浆岩屑和沉积岩屑。胶结物主要有方解石胶结物、白云石胶结物，主要以方解石胶结物为主，含量约 2%～10%，胶结物总量 2%～40%。

孔店组 W46 井填隙物含量较高，杂基含量为 1%～40%，少量泥质粉砂质极细粒岩屑长石砂岩杂基含量较高，可达 40%，代表了构造活动强烈，快速堆积的成因特点。研究表明，研究区部分粉砂，个别细砂。岩屑成分主要为石英岩、喷出岩屑，个别泥岩屑、白云石碎屑等。泥质为油浸染，结构不清，充填粒间，与沥青质难分。方解石、白云石细－微晶结构为主。硬石膏中－粗晶结构，斑块状胶结。因粒间为油浸泥质（与沥青质难分）充填，影响粒间孔观察。黏土矿物包括伊利石、伊蒙混层、绿泥石、高岭石胶结。胶结物含量较高，含量为 5%～40%，主要成分为方解石胶结，白云石胶结，铁方解石胶结。

3. 中央洼陷带 HK1 井成岩物质组成

HK1 井深部碎屑主要成分为石英、长石、岩屑等。岩屑见变质岩屑、喷出岩屑，偶见灰岩岩屑。泥质（氧化铁浸染），不均匀分布，局部集中呈纹层，其中夹有少量极细砂。方解石、白云石均呈显微晶结构，硬石膏斑块状胶结。见炭屑。（图 4-3c），含少量的长石岩屑砂岩。石英含量为 38%～55%，平均 45.7%；长石以钾长石和斜长石为主，含量为 15%～19%，平均 34.9%；岩屑含量为 3%～20%，平均 18.96%，变质岩屑为主，其次为岩浆岩屑和沉积岩屑。

HK1 井填隙物含量较高，含量为 1%～25%，杂基含量为 1%～25%，少量泥质粉砂岩或含灰质极细粒长石砂岩杂基含量较高，可达 25%，代表了构造活动强烈，快速堆积的成因特点。研究表明，研究区部分粉砂，个别细砂。岩屑为喷出、石英及泥质岩屑，个别碳酸盐岩屑。见较多磁铁矿，多集中条带状分布，尚见电气石、锆石等重矿物。方解石微－细晶结构，白云石细晶结构或加大边状态，硬石膏细－中晶结构，呈斑块状。石英加大强烈。岩屑以石英岩屑为主。见个别赤褐铁矿。硬石膏胶结碎屑与泥灰质充填均呈纹层状互层。

4. 中央洼陷带 XDF10 井成岩物质组成

XDF10 井由两岩性组成：一种岩性为含细粉砂质泥岩，另一种为含白云质长石细粉砂岩。主要为长石砂岩，少量岩屑长石砂岩（图 4-3d）。两者都有硬石膏脉。以粉砂为主，灰质、白云质交代碎屑颗粒。主要为细粉砂，其次为泥质，含 5％微晶灰质，见方解石脉。主要为星点状泥质，含 35％显微晶白云质，5％细粉砂，10％显微晶灰质。颗粒以粉砂为主，部分颗粒镶嵌，颗粒镶嵌如同变质岩，岩屑普遍有加大现象。石英含量为 40％～70％，平均 55％；长石以钾长石和斜长石为主，钾长石含量为 10％～20％，斜长石为 13％～45％，平均 36.69％；岩屑含量为 2％～30％，平均 8.03％；主要是由岩浆岩、变质岩、沉积岩组成，岩浆岩屑为主，其次为变质岩屑和沉积岩屑。胶结物主要有方解石胶结物、白云石胶结物，主要以方解石胶结物为主，含量约 1％～25％，胶结物总量 3％～25％。

孔店组 XDF10 井杂基含量为 2％～25％，研究表明，研究区岩屑为石英、泥质岩屑、白云石碎屑等。见个别赤褐铁矿，颗粒呈镶嵌状。白云石含 Fe。岩屑有中性喷出、石英等岩屑及碎屑方解石、白云石。主要成分为细粉砂岩，其次为泥质，鳞片状结构，含少量灰质、白云质及硬石膏。见石膏、方解石脉。岩屑有石英、喷出、白云质岩屑，偶见碎屑状方解石。硬石膏细－粗晶结构，泥质鳞片结构，方解石微－细晶结构，碎屑局部次生加大强，呈镶嵌结构，见长石被硬石膏交代。

4.2　微观成岩作用现象

东营凹陷孔店组主要为曲流河、辫状河、冲积扇、扇三角洲、三角洲、滨浅湖滩坝沉积所充填，以干旱－半干旱的盐湖沉积环境为主，原始水介质呈弱碱性。现今埋藏深度一般为 3000～7000m，属于深部储层，且岩石比较致密；与此同时，四川盆地须家河组深部埋藏条件下的致密砂岩储层也受到研究者的广泛关注，事实上，这两个盆地的研究成果表明（张蕈等，2008；朱如凯等，2009，谭先锋等，2010c），深部储层尽管比较致密，成岩作用比较强烈，但由于受到后期溶蚀作用的改造，加之油源条件较好，该类致密储层可以具有较好的储集条件。通过研究区孔店组大量岩石普通薄片、铸体薄片、扫描电镜的观察和 X-衍射黏土矿物分析，结合阴极发光薄片资料，详细研究了东营凹陷孔店组深部储层的成岩现象特征。成岩现象比较复杂，类型较多。

4.2.1　压实作用比较强烈

研究区孔店组埋藏深度范围较宽，盆地边缘地带（尤其是陡坡带）孔店组的埋藏深度一般为 1000 多米，盆地中央（如 HK1 井）最深可达 7000 多米，主要深度一般介于 1500～6000m 左右。根据 Housknecht(1987)提出的压实率指标计算，在 2100m 以上，砂岩储层的压实率在中等范围的占 69.1%，说明压实程度以中等压实为主；在 2350m 以下，压实程度为中等偏强；在 2500m 以下的压实程度为强压实。理论上应属于强烈压实作用深度范围，一般认为，压实作用越强，颗粒接触越紧密。

　　对区内 10 口井不同深度薄片进行了镜下观察，利用典型的薄片照片得出了图 4-4 的随着埋藏深度增加的薄片演化图谱(图 4-4)。研究表明：机械压实作用引起的长石、石英及刚性岩屑呈凹凸型粒内破裂(有时被方解石或黏土矿物充填)；石英、长石、泥岩岩屑、灰屑及一些蚀变的火山岩屑呈挤压变形、嵌入。颗粒因压实而定向排列，颗粒接触程度提高(点—线凹凸)，呈缝合线接触(图 4-5a，b)；黑云母、白云母等柔性矿物被压弯变形(谭先锋等，2010c)。通过总结不同深度薄片镜下特征发现：①研究区缝合线接触少见，尽管在 5000m 以上的强烈压实深度，也经常出现颗粒的漂浮状分布，原因在于颗粒之间的方解石、硬石膏、黏土矿物三种胶结的强烈影响，对压实作用起到了强烈的抗压作用；②盆地中央的大量硬石膏胶结的砂岩中，压实作用比较明显，压溶作用现象也比较明显，由于早期胶结物的保存作用，尚存在一定的原生粒间孔隙(谭先锋等，2010c)；③压实作用并非与深度具有良好的耦合关系，特别是对于黏土含量高的砂岩，早期对压实作用起到了很好的抗压作用，一旦压力释放，黏土矿物使岩石风化作用加剧，变得比较疏松。这种现象是多数中生代地层的普遍现象。

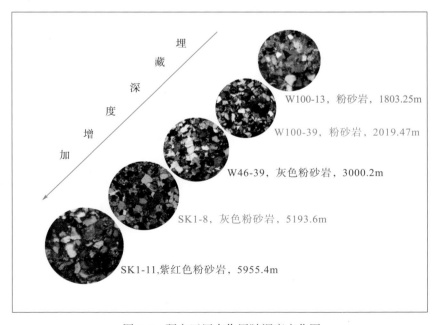

图 4-4　研究区压实作用随深度变化图

4.2.2　多期次碳酸盐矿物强烈胶结

　　研究区孔店组碳酸盐胶结现象主要有早期方解石胶结、早期白云石胶结、晚期铁方解石胶结、晚期铁白云石胶结。胶结作用比较复杂，不同的碳酸盐矿物胶结方式发生在不同的成岩作用阶段，早期方解石胶结主要呈基底式胶结（图 4-5a），这种方解石胶结主要发生在早成岩期，由于孔店时期气候比较干旱，湖盆水体为盐湖－半咸水湖泊，水体中 Ca^{2+}、Mg^{2+} 浓缩，形成超 Ca^{2+}、Mg^{2+} 的湖水，早期这类碳酸盐矿物起到了很强的胶结作用。孔店组岩性主要有灰质砂岩、砂质灰岩、白云质砂岩和砂质白云岩夹层，碳酸盐矿物含量高（谭先锋等，2010c）。该类砂岩颗粒多呈悬浮状，并且碳酸盐胶结物有溶解现象，通常认为这类方解石为准同生－早成岩期的产物，且胶结作用比较强烈。

　　另一类现象为白云石胶结交代方解石胶结，白云石分布在方解石胶结周围，呈零星产出（图 4-5k），并发现周围有溶解现象，这种白云石胶结为准同生白云岩作用的产物。晚期 Fe^{2+} 在强还原环境下，可以进入 $CaCO_3$ 和 $MgCO_3$ 矿物的晶格中，形成铁方解石和铁白云石，孔店组由于埋藏较深，后期沙四时期湖盆碱性流体的持续侵入，且在强还原环境下形成，这类碳酸盐胶结现象很多（谭先锋等，2010c）。整个东营凹陷孔店组均发育了这样一种铁碳酸盐胶结（图 4-5l）。尽管孔店组为碱性成岩环境，但后期流体对成岩的影响较大，后期流体中含铁组分较大，为形成含铁碳酸盐以及菱铁矿都提供了良好的条件，铁碳酸盐胶结为中成岩期的产物。研究区碳酸盐强烈胶结，一方面导致储层致密化，不利于储层原生孔隙的保存；另一方面，碳酸盐岩胶结物可以被酸性流体溶解，形成次生孔隙，这是深部储层孔隙改善的重要途径之一，研究区碳酸盐胶结物溶蚀孔隙比较普遍。

4.2.3　硅质强烈胶结

　　孔店组硅质胶结普遍发育，主要以多期次石英次生加大为主。三期石英次生加大均可以见到，Ⅰ期石英次生加大主要分布在颗粒边缘，形成自形晶面的加大边。Ⅱ期石英次生加大发育较多，多以自形晶出现，多数沿着石英颗粒面生长，少数呈自形石英晶粒（如图 4-5b）。Ⅲ期石英次生加大也较多，这类石英颗粒多呈缝合线接触和镶嵌状接触（图 4-5a）。三期石英次生加大成因不同，Ⅰ期石英次生加大主要为早期石英溶解作用形成，由于东营凹陷孔店－沙四下时期，湖盆以碱性盐湖环境为主，硅质在成岩早期发生局部溶解，沿着石英颗粒形成次生加大边；Ⅱ期和Ⅲ期石英次生加大，主要发生在酸性流体注入，大量长石等铝硅酸盐与酸性流体发生反应以及黏土矿物热演化，这些铝硅酸盐与酸发生反应形成

SiO₂，流体携带 SiO₂有的沿着石英颗粒表面沉淀，有的则在孔隙中沉淀，充填孔隙，导致发生强烈致密化。

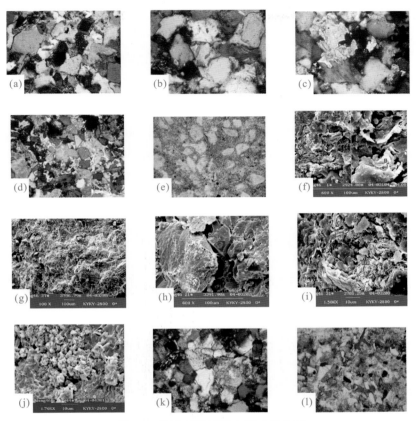

图 4-5　研究区孔店组主要成岩作用

(a)压实作用造成颗粒缝合线接触，石英次生加大明显，早期碳酸盐胶结作用堵塞孔隙吼道，XDF10，K1，4077.1m；(b)压实作用形成颗粒缝合线接触，石英次生加大，XDF10，K1，4058m；(c)硬石膏交代石英，XDF10，K1，4058m；(d)硬石膏强烈胶结，XDF10，K1，4058m；(e)白云石强烈胶结作用，XLS1，K1，4412；(f)粒间充填片状伊利石，W46，K1，2952.29；(g)致密粉砂岩，显示压实作用强烈，W46，K1，3786.79；(h)颗粒表面有膜状蒙皂石，方解石充填粒间，W46，K1，3391.9m；(i)粒间充填伊/蒙混层，W46，K1，3786.79；(j)粒间充填的硬石膏，W46，K1，4406m；(k)方解石胶结部分被白云石化，方解石见溶孔，硬石膏胶结发育，XDF10，K1，4071.5m；(l)晚期铁白云石胶结，XDF10，K1，4079.5m

4.2.4　硬石膏强烈胶结

研究区硬石膏胶结主要表现为强烈胶结作用和对其他颗粒的交代(图 4-5c、d)，硬石膏交代长石颗粒和石英颗粒，胶结方式主要呈基底式胶结(图 4-5d)。镜下鉴定表明，硬石膏主要有两种胶结方式：①硬石膏呈基底式胶结于颗粒之间，不存在穿插和切割现象，这类硬石膏胶结主要发生在同生期－早成岩 A 期，研究区这类硬石膏胶结比较普遍（图 4-5d）；②充填于长石、岩屑等溶蚀孔隙（图 4-5c），或交代方解石胶结物，这类硬石膏胶结主要发生在酸性流体注入，长石溶解之后，富 Ca^{2+} 与 SO_4^{2-} 重新组合形成，这类方解石胶结比较少见。这类硬石膏胶结现象在类似的含油气盆地中也可以发现。

4.2.5　多种成因黏土矿物胶结

黏土矿物在碎屑岩中可以两种形式出现，一部分为早期的黏土杂基，这部分黏土矿物主要是机械成因，常以粒状出现（图 4-5h）；另一部分是后期化学沉淀形成的黏土矿物，如自生高岭石、自生伊利石、自生绿泥石（图 4-5f），这类自生黏土矿物常以片状出现。前者跟沉积时期的湖盆水介质有关，后者主要跟成岩期流体性质和热演化有关。X 衍射结果表明，孔店组深层碎屑岩主要黏土矿物有高岭石、伊利石、绿泥石、伊/蒙混层（表 4-1）。关于深层碎屑岩黏土矿物的成岩演化过程中的转变问题，陈鑫等（2009）对渤南洼陷深层黏土矿物在成岩演化过程中的特征进行详细研究，并提出高岭石与石油的大量出现伴生产出，主要因为石油对高岭石的存在有一定的保存意义。表 4-2 显示高岭石含量较高，这些高岭石多数呈片状，多为后期演变而来，这与前面碎屑岩的原始物质组分高长石的特点是比较符合的，因而证明了该类高岭石为后期胶结物的形式出现。另外，绿泥石含量较高，这主要跟后期含 Fe^{2+}、Mg^{2+} 流体的侵入有关。伊/蒙混层比数据显示，黏土矿物转化带主要出于第一转化带和第二转化带，少数达到第三转化带，表明了成岩作用主要出于中成岩 A－中成岩 B 期（谭先锋等，2010c）。

表 4-1　东营凹陷孔店组储层黏土矿物 X 衍射分析

井号	井深/m	层位	岩石类型	黏土总量/%	黏土矿物相对含量/%				伊/蒙间层比
					伊/蒙间层	伊利石	高岭石	绿泥石	
	3491.70		泥质粉砂岩	22	35	57	6	2	20
	4013.23		含硬石膏质粉砂岩	22	24	28	18	3	20
HK1	4013.28	孔店组	含碳酸盐质含泥质粉砂岩	7	13	29	12	46	15
	5103.85		极细粒长石砂岩	10	35	47	8	10	20
	5271.76		泥灰质粉砂岩	4	38	38	9	15	20

续表

井号	井深/m	层位	岩石类型	黏土总量/%	黏土矿物相对含量/%				伊/蒙间层比
					伊/蒙间层	伊利石	高岭石	绿泥石	
W46	2997.10		极细粒岩屑长石砂岩	11.00	33	20	19	28	20
	3786.79		细-极细粒岩屑长石砂岩	2.00	16	27	27	30	20
	3787.69	孔店组	中粒岩屑长石砂岩	5.00	24	20	15	41	20
	3788.25		极细砂质粉砂岩	8.00	27	41	16	16	20
	3791.35		含灰质极细粒长石砂岩	7.00	44	32	11	13	20
WX131	2254.96	孔店组	泥质粉砂质极细粒岩屑长石砂岩	15.00	73	13	8	6	55
	2368.00		极细粒岩屑长石砂岩	4.00	62	22	8	8	20
W100	2021.70		细粒长石砂岩	8.00	51	34	8	7	50
	2112.50		灰质极细粒岩屑长石砂岩	8.00	71	14	7	8	55
	2177.25	孔店组	细粒岩屑长石砂岩	11.00	52	22	13	13	50
	2179.50		含泥质极细粒岩屑长石砂岩	5.00	59	13	21	7	55
	2259.60		中细粒岩屑长石砂岩	3.00	35	19	33	13	20
	2262.00		细粒岩屑长石砂岩	7.00	64	14	16	6	55

4.2.6 多种矿物溶蚀及填溶现象

溶蚀作用是改善储层质量的主要途径，研究区溶蚀作用主要表现为碎屑颗粒和胶结物的溶蚀作用，碎屑颗粒包括石英颗粒的局部溶解，长石颗粒的大量溶解（表4-2），岩屑颗粒的溶解。胶结物的溶解主要表现为碳酸盐胶结物的溶解（图4-5e，表4-2）。研究区长石的溶解主要表现为沿着长石颗粒边缘的溶解和整个长石颗粒的溶解，是引起深部储层空间的重要原因之一，长石的大量溶解主要跟有机酸流体的侵入有关，东营凹陷成岩早期主要为碱性水介质和成岩流体性质，因此早期长石的溶解作用不发育或者是局部较少量发育，大规模的长石溶解主要发生在中成岩 A 期有机酸的大量排出之后。碳酸盐胶结物的溶解同黏土矿物的转化有关，特别是混层的脱水作用提供的 H^+，为碳酸盐的溶解提供了酸性来源（谭先锋，2013）。成岩序列上，不能作为比较典型的成岩证据判断成岩事件的发生顺序。另外一种溶蚀现象——石英的溶解，东营凹陷沙四段为碱性盐湖环境，湖盆水介质势必对早期形成的孔店组地层产生一定的影响，这种碱性的环境促使了硅质成分的溶解，是早期石英次生加大的主要硅质来源，代表了原始碱性成岩环境。

表 4-2　东营凹陷孔店组溶蚀孔隙类型

井号	井深/m	层位	岩石类型	粒间孔	溶孔	溶蚀类型
W100	2207.15	Ek	细粒长石砂岩	6	4	次生孔为粒间溶孔及长石内溶孔
L90	2389.98	Ek	含碳酸盐质中细粒岩屑长石砂岩	1	2	溶蚀孔隙为碳酸盐胶结物溶孔
HK1	5270.6	Ek	极细粒长石砂岩		0.5	长石溶孔
WX131	2375.00	Ek_1	含灰质极细粒岩屑长石砂岩	3	0.5	长石溶孔

4.2.7　强烈交代作用

　　研究区交代作用比较明显，主要为白云石交代长石(图 4-5k)，硬石膏交代长石溶蚀颗粒边缘(图 4-5c)，长石绢云母化等。交代作用主要发生在溶蚀作用之后，是后期流体中某种物质沉淀而成。尽管交代作用没有大规模地改变储层物性，但局部的交代作用会导致储层变致密，成为较致密的碎屑岩。

4.3　不同沉积环境成岩作用差异性分析

　　前已述及，不同地区碎屑岩物质成分有差异。南部缓坡带物质成分主要为岩屑长石砂岩，中央洼陷带主要为长石砂岩类型。通过系统磨制 W100、W46、XDF10 三口井岩石薄片，对三口井纵向成岩作用进行了对比(图 4-6)，结合其他井位的部分薄片镜下资料，对不同典型地区镜下成岩现象进行了对比。对比结果表明：①填隙物类型变化较大。W100 井、W46 井镜下填隙物普遍为泥质成分和方解石胶结，而位于盆地中央的新东风 10 井填隙物主要为硬石膏胶结物。这可能跟沉积物原始沉积阶段的化学沉积分异作用有关；②埋藏深度对颗粒的紧密程度有较大影响，但填隙物的抗压作用阻碍了这种影响。图 4-6 显示，从埋藏深度上看，中央洼陷带埋藏深度较大，XDF10 井埋藏深度可达 5000 多米，SK1 井达 7000 多米。南部缓坡带盆地边缘 W100 井最浅为 1600m。按照压实作用原理，埋藏深度大的颗粒应该结合更紧密。但从对比结果来看，这种规律并不十分明显，对于结构成熟度高的砂岩，这种现象是必然的规律，三口井同等结构成熟度高砂岩 XDF10 井位缝合线接触、W46 为线状接触、W100 为点状接触。但是对于 XDF10 井，充填物基本为硬石膏，尽管深度较大，颗粒仍然为漂浮状分布(谭先锋，2013)。③成岩现象的差异，指示了成岩环境的差异。W46 井和 XDF10 井镜下均发现了裂缝及充填，表明沉积物成岩演化过程中，有断裂活动对岩石造成了影响，进而对成岩系统的开放性造成影响；④滨浅湖地区基底式胶结发育，主要为胶结物类型为方解石和黏土矿物，黏土矿物具有两种形态，中央地区深部埋藏条件下的硬石膏胶结比较发育，呈现基底式胶结，发育少量石英次生加大，呈镶嵌胶结。

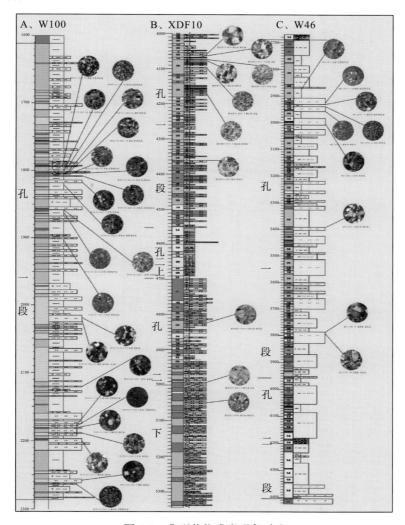

图 4-6　典型井位成岩现象对比

4.4　陆相深部碎屑岩典型成岩作用规律

4.4.1　强烈压实记录现象明显

通过对两个地区的岩石薄片进行分析，砂岩的压实作用明显比较强烈，岩石微观结构中的矿物结构对强烈压实作用的响应比较明显，如云母片压弯、矿物颗粒之间呈现缝合线接触等。对比中还发现压实作用的镜下响应特征明显跟岩石的微观结构组成有关：①如果原始沉积物质分选较好、沉积水动力较强，沉积时期基本不含任何杂基和胶结物。这种强水动力的砂岩在经历长时期的深部埋藏下，颗粒之间逐步由点接触向缝合线接触转变，这是孔店组致密砂岩的典型结构特征(详见图 4-5、图 4-6)。②如果原始沉积物中存在大量杂基和胶结物，在这种情况下，经历长时间的深部埋藏，将会导致填隙物的压紧收缩，但填隙物始终存在，尽管经受的上覆压力巨大，但微观结构仍保持点－线接触，甚至是基底式胶结"漂浮"状，但是岩石微观有反映压实作用的强烈的矿物压弯变形的强压实记录。济阳坳陷盐湖环境下形成的碎屑岩中，通常发育黏土杂基充填和化学胶结物的基底式胶结，多属于该类情况(详见图 4-5)。无论是哪一种情况，均留下了深部埋藏条件下的强压实记录。

4.4.2　胶结物多期次相互穿插切割

两个地区深部碎屑岩中均发现了胶结作用的多期次穿插切割，主要体现在方解石、长石、黏土矿物、石英次生加大等相互交代和穿插切割。由于成岩过程中的流体活动，成岩环境的不断调整变化，在温度、压力和流体 pH 的三重影响下，矿物的溶解和沉淀也随之交替进行。这种胶结作用的不断调整和沉淀过程将会促进岩石中矿物、元素和物质结构的自我调整和转化，进而促进岩石的致密化进程。无论是济阳坳陷孔店组还是川西须家河组中的研究均表明，硅质胶结物和钙质胶结物的强烈胶结交代加速了深部碎屑岩的致密化过程。

4.4.3　岩石微观连通性是次生溶蚀发生的关键

两个地区岩石微观研究表明，岩石微观联通性是次生溶蚀发生的关键。①济阳地区岩石埋藏深度较大，盐湖环境决定了其形成大量基底式胶结的杂基和化学胶结物，这类混合沉积的岩石类型，岩石形成早期联通性较差，随着压实作用改造的加剧，岩石变得更加紧密，加之湖泊环境中黏土矿物和砂的薄互层，导致流体的流通性非常差，物质很难在微观下进行重新改造和分配，导致了济阳坳陷深部碎屑岩石的次生溶蚀作用不佳；②四川盆地须家河组，主要为辫状河三角洲、河流等沉积类型，岩石的分选和磨圆较好，杂基含量明显不及盐湖环境，原始物质沉积早期，颗粒之间主要为点接触，储层联通性较好，后期埋藏过程中，物质的重新调整和分配相对较容易，因此，可以为次生溶蚀提供条件。③但是有一种值得关注的现象，即川西地区须家河组须四段和须二段也存在连通性的差异，须四段填隙物总体含量高于须二段，连通性比须二段差，但是填隙物主要为方解石，经历深部埋藏之后，经过成岩流体改造，溶蚀能力较强，次生溶蚀孔隙较好。

第5章 旋回沉积记录的成岩作用系统

5.1 成岩演化阶段划分

5.1.1 成岩演化阶段划分依据

成岩演化过程极其复杂，一般认为成岩演化阶段跟深度和地温梯度有重要的关系。研究当今岩石的成岩演化阶段，既可以利用矿物的相互接触关系来研究成岩过程中发生的变化规律，通过识别某一演化阶段出现的特殊矿物及矿物变化来确立成岩演化阶段，也可以利用伊/蒙混层比，镜质体反射率、岩石热解峰温来定量研究当今的岩石面貌所处的成岩演化阶段。济阳坳陷孔店期处于陆相断陷盆地初期，后期埋藏地区差异较大。同样的地温梯度，自然埋藏较深的岩石比埋藏较浅的地层岩石成岩演化阶段更大。特殊情况需要结合构造环境进行专门研究，如局部地区岩浆活动、深部流体的侵入以及构造应力的作用等均会对成岩作用及成岩演化阶段造成影响，特殊的问题需要特殊的分析(谭先锋，2013)。本次研究通过大量的岩石薄片资料、镜质体反射率、热解峰温、黏土矿物伊蒙混层比等判别不同深度地层当前的成岩演化阶段。

1. 矿物特征及矿物相互接触关系

研究表明，矿物特征可以直接反映当时的成岩环境，孔店组大量出现的基底式胶结泥晶方解石和硬石膏胶结属于早成岩A期，部分亮晶方解石胶结和白云石早成岩B期，石英Ⅱ期加大属于中成岩A期、石英Ⅲ期加大、大规模铁方解石胶结、铁白云石胶结的出现标志进入中成岩B期乃至晚成岩期(图5-1)。另外，矿物之间的接触关系也可以辅助判别成岩阶段。

2. 镜质体反射率用于判别成岩阶段

有机质成熟度是时间和温度的函数，可以作为成岩阶段的主要地化指标。一般指标包括镜质体反射率、孢粉颜色、热变指数及最大热解峰温等。有机质的成熟度可分为未成熟、半成熟、低成熟、成熟、高成熟及过成熟等阶段；分别对应于蒙脱石演变为伊利石的六个演化阶段。本次研究限于资料有限，主要利用镜质体反射率来判别有机质成熟的阶段（表 5-1），进而判别成岩演化阶段。

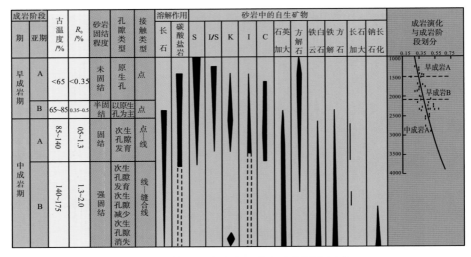

图 5-1　济阳坳陷孔店组成岩阶段划分标准

表 5-1　孔店组泥岩镜质体反射率分析

井号	层位	井段1	岩石名称	R_o/%	测点数	离差
BX703	Ek	2416.4	暗色泥岩	0.52	7	0.04
B410	3372	Ek₁	深灰色泥岩	0.63	6	0.04
	3396	Ek₁	深灰色泥岩	0.63	10	0.04
W46	Ek	3788	深灰色泥岩	0.96	4	0.04
	Ek	4112.5	灰色泥岩	1.11	3	0.06
	Ek	4203	灰色泥岩	1.21	11	0.06
	Ek	4204.36	灰色泥岩	1.21	9	0.06
	Ek	4205.05	深灰色泥岩	1.25	13	0.05
SK1	Ek₂	6889	泥质砂岩	4.07	14	0.08
	Ek₂	6906	泥岩	4.04	12	0.1
	Ek₂	6920	泥岩	4.04	2	0.1
	Ek₂	6930	泥岩	4.1	19	0.11
	Ek₂	6951	泥岩	4.08	11	0.08
	Ek₂	6954	泥岩	4.13	20	0.08
	Ek₂	6956	泥岩	4.12	16	0.12
	Ek₂	6987	泥岩	4.09	20	0.17

续表

井号	层位	井段 1	岩石名称	R_o/%	测点数	离差
	Ek$_2$	6997	泥岩	4.11	23	0.14
	Ek$_2$	7012	砂质泥岩	4.13	24	0.11
SK1	Ek$_2$	7025.3	泥岩	4.17	31	0.1
	Ek$_2$	7025.8	泥岩	4.16	20	0.08

3.黏土矿物转化与成岩阶段划分

蒙脱石有两种转化方式：一是在富钾的水介质条件下向伊利石/蒙脱石(I/S)混层黏土矿物的转化；二是在富镁的水介质条件下向绿泥石/蒙脱石(C/S)混层转化，最后演变为绿泥石。多数情况下为第一种类型转化。特殊情况下，如干旱气候或地层水矿化度较高的条件下，蒙脱石向 C/S 混层转化。通过研究区 100 多个样品点，深度范围 1500~4500m，表明伊/蒙混层比随着深度增加有减少的趋势(图 5-2，表 5-2)，利用混层比值可以判别黏土矿物转化带，进而判别当今岩石的成岩演化阶段。但这并非简单的线性关系，这主要与地质作用的负责性和偶然性具有很大关系。

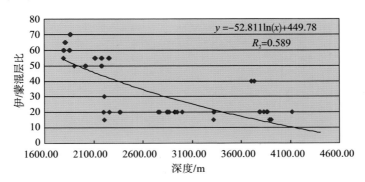

图 5-2　济阳坳陷孔店组伊/蒙混层随深度变化规律

表 5-2　孔店组 X 衍射分析

井号	层位	井深/m	岩石类型	黏土总量/%	黏土矿物相对含量/%				伊/蒙间层比
					伊/蒙间层	伊利石	高岭石	绿泥石	
		2924.83	粉砂质极细粒长石砂岩	4.00	15	17	19	49	20
W46	孔店组	2997.10	极细粒岩屑长石砂岩	11.00	33	20	19	28	20
		3787.69	中粒岩屑长石砂岩	5.00	24	20	15	41	20
		4116.31	泥云质极细粒岩屑长石砂岩	47.00	23	68	3	6	20

续表

井号	层位	井深/m	岩石类型	黏土总量/%	黏土矿物相对含量/%				伊/蒙间层比
					伊/蒙间层	伊利石	高岭石	绿泥石	
W46		3788.25	灰色泥质粉砂岩	8.00	27.00	41.00	16.00	16.00	20.00
		4404.20	灰色含砾砂岩	8.00		65.00	5.00	30.00	
		4406.85	棕红色含砾砂岩	7.00		68.00	7.00	25.00	
		4405.64	棕红色含砾砂岩	9.00		69.00	7.00	24.00	
		3786.79	灰色粉砂岩	2.00	16.00	27.00	27.00	30.00	20.00
		3791.35	灰紫色粉砂岩	7.00	44.00	32.00	11.00	13.00	20.00
WX131	孔店组	2254.96	泥质粉砂质极细粒岩屑长石砂岩	15.00	73	13	8	6	55
		2368.00	极细粒岩屑长石砂岩	4.00	62	22	8	8	20
W100	孔店组	1855.95	极细粒岩屑长石砂岩	8.00	69	14	9	8	60
		2017.00	极细粒长石砂岩	4.00	48	34	9	9	50
		2112.50	灰质极细粒岩屑长石砂岩	8.00	71	14	7	8	55
		2262.00	细粒岩屑长石砂岩	7.00	64	14	16	6	55
		2200.80	灰色油斑粉砂岩	6.00	21.00	16.00	44.00	19.00	20.00
		2361.80	褐灰色油斑凝灰质砂岩		52.00	12.00	16.00	5.00	20.00
		2196.70	棕褐色油浸粉砂岩	4.00	23.00	12.00	38.00	27.00	20.00
		2186.90	棕褐色油浸粉砂岩	12.00	63.00	21.00	8.00	8.00	55.00
		1900.20	灰色油斑泥质粉砂岩	4.00	50.00	31.00	10.00	9.00	50.00
		2017.00	灰色油斑粉砂岩	4.00	48.00	34.00	9.00	9.00	50.00
		2020.30	灰色油斑粉砂岩	6.00	47.00	27.00	13.00	13.00	50.00
		2021.70	灰色油斑粉砂岩	8.00	51.00	34.00	8.00	7.00	50.00
		2120.30	灰色油斑泥质砂岩	10.00	70.00	16.00	7.00	7.00	55.00
		2177.25	灰色油斑泥质粉砂岩	11.00	52.00	22.00	13.00	13.00	50.00
		1790.60	棕褐色油浸粉砂岩	5.00	63.00	15.00	10.00	12.00	55.00
		1792.10	灰色油斑泥质粉砂岩	14.00	60.00	22.00	9.00	9.00	60.00
		2210.80	灰色油斑泥质砂岩	16.00	43.00	24.00	25.00	8.00	30.00
		2259.60	灰色油斑粉砂岩	3.00	35.00	19.00	33.00	13.00	20.00
		2258.70	灰色油斑粉砂岩	7.00	34.00	23.00	25.00	18.00	20.00
		2256.60	灰色油斑粉砂岩	8.00	34.00	17.00	24.00	25.00	20.00
		2207.15	灰色油斑粉砂岩	4.00	27.00	17.00	45.00	11.00	15.00

井号	层位	井深/m	岩石类型	黏土总量/%	黏土矿物相对含量/%				伊/蒙间层比
					伊/蒙间层	伊利石	高岭石	绿泥石	
W100	孔店组	2262.30	灰色油斑粉砂岩	4.00	45.00	21.00	22.00	12.00	55.00
		1859.85	灰色油斑泥质粉砂岩	16.00	67.00	17.00	8.00	8.00	70.00
		1863.95	棕褐色油浸粉砂岩	10.00	66.00	18.00	8.00	8.00	70.00
		1855.65	棕褐色油浸粉砂岩	14.00	59.00	21.00	10.00	10.00	60.00
		1799.80	灰色油斑灰质砂岩	12.00	64.00	16.00	10.00	10.00	60.00
		1801.20	棕褐色油浸粉砂岩	11.00	64.00	13.00	11.00	12.00	60.00
		1801.90	棕褐色油浸粉砂岩	7.00	58.00	19.00	11.00	12.00	60.00
		1806.80	灰色油斑灰质粉砂岩	6.00	57.00	18.00	12.00	13.00	65.00
		1815.50	灰色油斑粉砂岩		54.00	22.00	12.00	12.00	65.00
		1855.15	棕褐色油浸粉砂岩	9.00	64.00	17.00	9.00	10.00	60.00
		2179.35	棕褐色油浸粉砂岩	7.00	54.00	16.00	19.00	11.00	55.00
		2187.50	灰色油斑粉砂岩	20.00	58.00	26.00	8.00	8.00	50.00
HK1	孔店组	3700.00	泥岩	7.00	17.00	48.00	15.00	20.00	40.00
		3764.00	泥岩	17.00		81.00	9.00	10.00	
		3828.00	泥岩	23.00	22.00	56.00	8.00	14.00	20.00
		3796.00	泥岩	21.00	25.00	54.00	9.00	12.00	20.00
		3732.00	泥岩	5.00	11.00	73.00	8.00	8.00	40.00
		3868.00	泥岩	11.00	28.00	53.00	9.00	10.00	20.00
		3900.00	泥岩	37.00	5.00	69.00	12.00	14.00	15.00
		3892.00	泥岩	36.00	9.00	60.00	6.00	25.00	15.00
		3876.00	泥岩	6.00		76.00	11.00	13.00	
		3860.00	泥岩	37.00	22.00	55.00	10.00	13.00	20.00
W135	孔店组	2843.30	灰色油迹粉砂岩	12.00	33.00	27.00	15.00	25.00	20.00
		2851.50	灰色荧光泥质粉砂岩	35.00	40.00	44.00	8.00	8.00	20.00
		2865.70	灰色油斑粉砂岩	24.00	31.00	41.00	14.00	14.00	20.00
		2846.93	灰色油迹粉砂岩	7.00	28.00	45.00	10.00	17.00	20.00
		2867.40	灰色油斑粉砂岩	29.00	37.00	41.00	11.00	11.00	20.00

井号	层位	井深/m	岩石类型	黏土总量/%	黏土矿物相对含量/%				伊/蒙间层比
					伊/蒙间层	伊利石	高岭石	绿泥石	
G12	孔店组	3323.70	灰色油斑泥质粉砂岩	11.00	33.00	35.00	12.00	20.00	20.00
		3323.50	灰色油斑泥质粉砂岩	12.00	38.00	30.00	7.00	25.00	20.00
		3321.90	紫红色泥质粉砂岩	6.00	22.00	33.00	14.00	31.00	15.00
		3321.70	紫红色泥质粉砂岩	21.00	37.00	39.00	7.00	17.00	20.00
		3320.60	紫红色泥质粉砂岩	6.00	31.00	27.00	9.00	33.00	20.00
G120	孔店组	2945.25	紫红色粉砂岩	11.00	39.00	24.00	15.00	22.00	20.00
		2950.60	紫红色粉砂岩	8.00	36.00	31.00	12.00	21.00	20.00
		2949.10	紫红色粉砂岩	11.00	31.00	34.00	17.00	18.00	20.00
N5	孔店组	2757.40		32.00	51.00	32.00	9.00	8.00	20.00
		2767.50		33.00	58.00	29.00	6.00	7.00	20.00

5.1.2　成岩演化阶段划分

依据成岩阶段的划分方案及其标志(应凤祥等,2003),在充分研究埋藏史、地热史、有机质演化史、泥岩中黏土矿物演化、成岩矿物特征的基础上,对东营凹陷孔店组碎屑岩的成岩演化阶段进行了划分(图5-1)(谭先锋,2010c)。镜下矿物特征明显具有中成岩B期的特点,XDF10井深度4000m左右的矿物特征具有硬石膏交代长石、石英Ⅲ期次生加大、含铁碳酸盐等矿物等;镜质体反射率相差较大,R_o=0.6%~4.2%(表5-1),R_o随着深度变化过程具有一定阶段性,研究区埋深小于4500m,R_o<1.3,成岩演化阶段属于中成岩A期,大于4000m,小于6000m,1.3<R_o<2.0,属于中成岩B期。值得注意的是,少数井位孔店组埋藏深度可达6000m以上。这类埋藏深度大于6000m的区域,主要分布在湖盆中央少数地区,这些岩石成岩演化阶段已经达到晚成岩阶段。伊/蒙混层比数据显示,深度介于2500~6000m,混层比主要为15~50,说明处于第一到第二迅速转化带,主要处于中成岩A期,少数研究区埋藏深度较浅的甚至大于50,说明尚处于早成岩B期(图5-2,表5-2)。综上分析表明孔店组目前的成岩演化阶段主要处于中成岩A-中成岩B期。2500~4000m埋深区,目前主要处于中成岩A期,4000~6000m埋深区,目前处于中成岩B期,少数深度大于6000m地区,目前处于晚成岩期。

5.2　成岩演化过程

储层质量受沉积作用、成岩作用、构造活动等影响(李忠等，2009)。深部储层，埋藏深度较大，沉积作用对储层的影响逐渐减弱，成岩作用的改造对储层的影响加强(谭先锋，2010b)。根据研究区 100 余口井，8000 多个样品点资料统计，孔店组平均孔隙度 5.1%，最小 0.1%，最大 22%。原生孔隙较少，少量原生孔隙为早期胶结作用所保存，主要为次生孔隙。孔隙类型主要有原生成因的颗粒边缘孔隙、残余粒间孔隙和粒间孔隙，次生成因的粒内溶孔、粒间溶孔、晶间孔和压溶缝等溶蚀孔隙，储集空间类型主要为各种溶蚀孔隙，如长石颗粒、方解石胶结物以及硬石膏的溶解所形成。本书通过恢复成岩演化过程，探讨控制孔隙演化的成岩因素(图 5-3)。

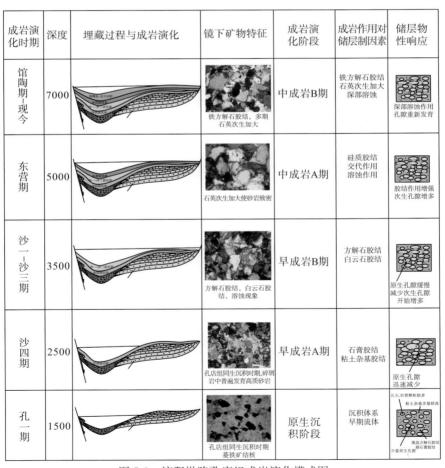

图 5-3　济阳坳陷孔店组成岩演化模式图

5.2.1　准同生期与早成岩 A 期储层演化

孔店组沉积时期，东营断陷湖盆为干旱-半干旱的盐湖沉积环境，硬石膏广泛发育，碳酸盐胶结比较发育，黏土杂基充填孔隙比较强烈。前已述及，孔店组沉积物具有结构成熟度低，成分成熟度低，次棱-次圆，分选中等-差的特点。人工混合人工堆积湿砂实验研究表明，原始孔隙度与粒度无关，与分选呈负相关性。据此推测孔店组储层孔隙度原始孔隙度为 30% 左右。研究表明，原始组分对储层有重要影响。如前所述，石英含量过高或者过低，储层质量均较差。总之，该时期原始沉积环境及组分条件影响了储层的质量，并通过影响后期成岩演化进而影响储层孔隙演化。

早成岩 A 期相当于从刚刚埋藏到埋深 1000m 左右，相当于沙四段沉积时期，该时期由于受到上覆沙四弱碱性盐湖沉积环境的影响，部分石英发生溶蚀现象，可以改善储层孔隙度，但由于后期改造作用比较强烈，这类溶蚀孔隙常被其他胶结物所充填。该时期主要发生石膏胶结、碳酸盐胶结、压实作用、绿泥石衬边等成岩现象，压实作用使孔隙进一步发生减少，胶结作用使孔隙减少。原生孔隙进一步减少。通过该时期的成岩演化，孔隙度一般可减少至 14%~20%，部分压实作用不强烈的地区可以减少至 20% 以上。

5.2.2　早成岩 B 期储层演化

此阶段相埋深 1000~2000m 的范围，相当于沙一-沙三时期。受该时期成岩流体的影响，主要成岩变化有石英第一期次生加大，方解石胶结，白云石胶结。由于强烈的压实压溶作用，储层物性变得更差，大部分细砂岩和粉砂岩已变为致密储层。该时期影响成岩作用的主要因素为胶结作用。同时，由于该时期黏土矿物的转化及酸性物质的注入，使部分塑性组分的发生溶解作用，改善了储层质量。通过该阶段的演化，孔店组孔隙度大部分地区均降至 10% 以下，盆地边缘地区孔隙度可能会到 10% 以上。

5.2.3　中成岩 A 期储层演化

此阶段相埋深 2000~3500m 的范围，相当于东营时期，镜质体反射率为 0.5%~1.3%。该时期主要发生大量石英次生加大，第二期石英次生加大比较发育，甚至第三期石英次生加大发育。该时期受酸性流体的影响，发生溶解作用。该时期酸性流体的大量出现主要跟油气的转化及黏土矿物的转化过程中释放出的

H^+ 有关，导致大量长石和碳酸盐胶结物的溶解。溶解过程中释放的 Si 也为石英的次生加大提供了来源。与此同时，各种交代作用在该时期也比较发育。由于孔店组地层形成之后，处于封闭成岩环境，尽管流体对组分有选择性地溶解，但同时也在发生次生加大等胶结，因此，溶解作用对该地层的储层改造不大。通过该时期的成岩演化，孔隙度减小较少，大约为 5% 左右，有的地方略高。

5.2.4 中成岩 B 期储层演化

该阶段埋藏深度为 3500~6000m，相当于馆陶期-现今，镜质体反射率为 1.3%~2.0%。该时期演化时间较长，经历了中成岩 A 期的酸性流体之后，地层转化为弱碱性。该时期主要发生了铁方解石胶结、铁白云石胶结，该时期溶解作用很少，部分成分发生一定的深部溶解。通过该时期的成岩演化，孔隙度为 2%~10% 左右，部分在 10% 以上。总体上讲，原生孔隙较少，主要为次生溶解孔隙。

5.3 成岩流体活动与胶结物的形成

5.3.1 碳酸盐矿物的沉淀与溶解机理

碳酸盐胶结物是砂岩中的常见胶结物类型，在砂岩中广泛分布（Rossi et al.，2001；吕成福等，2011），由于具有碳酸盐胶结物类型丰富、成因复杂等特点，长期以来困扰着沉积地质学家和石油地质学家（徐北煤和卢冰，1994；Kantorow-icz et al.，1987）。有关碳酸盐胶结物的探讨成为成岩系统方面研究的重要内容，通过对镜下矿物鉴定、流体包裹体测温、同位素测定等手段，探讨其成因机制（孙致学等，2010；尤丽等，2012；刘德良等，2007），主要成因有原始沉积机制和后期成岩流体的水-岩作用机制（刘四兵等，2014a；Boles and Ramsayer，1987；Rossi et al.，2001）。由于沉淀机理的差异，不同胶结物沉淀时流体氧同位素的差异体现了不同水岩相互作用体系或是不同水岩相互作用强度的影响（刘四兵等，2014a）。原始沉积时期，主要沉淀连生的方解石胶结，砂岩颗粒呈"漂浮状"分布在方解石胶结物中，这种胶结物包裹体温度较低（孙致学等，2010）；而后期的方解石胶结物，通常具有较高的包裹体温度，表明是在成岩过程中的高温条件下沉淀而形成（孙致学等，2010；刘四兵等，2014b）。然而，成因问题的根源在于探索其沉积-成岩过程中的物质来源问题，如 Ca^{2+}，Fe^{2+}，CO_3^{2-} 等（王琪等，2010）。另一方面，碳酸盐矿物作为一种重要的胶结物，对油气勘探开发具有重要意义，主要表现在对储层的影响，可以引起储层的高致密化（朱如凯等，

2008)，随着岩石的成岩演化不断发生，碳酸盐胶结物也可以发生溶蚀作用，有利于储层的发育(吕成福等，2011)。因此，碳酸盐胶结物可以很好地反映成岩过程中的流体性质，济阳坳陷碳酸盐胶结物比较发育，具有该类研究的代表性。

1. 碳酸盐胶结物类型

(1)方解石胶结物：方解石胶结物发育非常普遍，是主要的碳酸盐胶结物类型，镜下观察表明，方解石胶结物明显具有多期次成因。根据其产出状态，可以分为三类：①早期基底式连生方解石胶结，这类胶结物在砂岩中呈基底式胶结(图5-4a)，碎屑颗粒在砂岩中呈"漂浮状"产出，方解石胶结物含量明显较高，最大可达50%以上，主要表现为镶嵌状胶结形态；这种胶结物为主的砂岩，一方面，搬运距离较近，碎屑颗粒磨圆很差；另一方面，早期的原生沉淀方解石胶结物具有很强的抗压实能力，保护了原始颗粒的形状。该类胶结物主要发生于早期过饱和水体的原始沉淀作用。②中晚期点状方解石胶结，这种胶结物主要零星分布在砂岩中，这类砂岩的胶结方式主要为接触式胶结和缝合线胶结(图5-4b，c)。镜下这种胶结物主要表现为原生孔隙充填和次生孔隙充填，还可见较多的方解石交代长石和石英的现象。这种方解石胶结明显发生于成岩期，主要是携带碳酸盐矿物的成岩流体在孔隙中发生沉淀而形成。③成岩期脉状方解石胶结，这种方解石胶结物晶粒比较粗大，整体的方式胶结于裂缝中(图5-4g，h)，主要发生在岩石裂缝形成之后。多与泥质岩伴生，这种方解石胶结物主要是后期成岩流体的强烈注入，在前期形成的裂缝中缓慢沉淀而形成。

(2)白云石胶结物：白云石胶结物相对较少，但仍有一定的发现。矿物晶体在镜下主要为泥晶、隐晶质，少量微晶(图5-4d)，很少有细晶以上的白云石胶结物的产出。这种胶结物还常与泥质沉积物伴生，发育这类胶结物的砂岩多为基底式胶结，碎屑颗粒在其中主要呈"漂浮状"产出，颗粒的原始形态保存良好；另外，在部分砂岩中，碎屑颗粒含量较少，甚至变成了隐晶质的白云岩。这些产出状态表明，少量的白云石胶结物主要形成于同生期－准同生期的原始沉积环境中，由过饱和的沉积水介质沉淀而成。

(3)铁方解石与铁白云石胶结物：这类碳酸盐胶结物在深部埋藏砂岩中经常出现，矿物在镜下主要表现为微晶状产出，少见泥晶和细晶，主要呈零星状分布于砂岩当中(图5-4e，f)，多出现在接触式胶结和镶嵌胶结的砂岩中，几乎未见基底式胶结的铁方解石和铁白云石胶结物，部分样品可见粒状和栉壳式胶结，充填于原生孔隙或次生溶蚀孔隙中。这类胶结物往往胶结作用比较强烈，偶见铁方解石和铁白云石共生的现象(图5-4f)。这种胶结物往往形成于成岩作用时期，成岩流体的持续注入，原始的 Ca^{2+} 被 Mg^{2+}、Fe^{2+} 取代而形成，铁白云石往往在铁方解石之后形成。

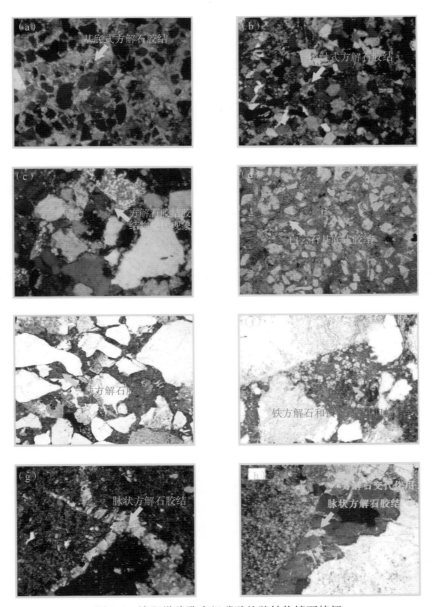

图 5-4　济阳坳陷孔店组碳酸盐胶结物镜下特征

(a)钙质砂岩，方解石胶结物呈基底式胶结，W100，1801.95m，10×10，正交光；(b)岩屑砂岩中接触式胶结的方解石胶结物呈零星产出，SK1，5193.6m，10×10，正交光；(c)零星状产出的方解石胶结物、方解石交代长石，W46，3788.79m，10×10，正交光；(d)白云质砂岩中的泥晶白云石胶结物，XLS1，4412m，10×10，正交光；(e)斑块状铁方解石胶结，Y921，2468.54m，10×10，正交光；(f)铁方解石和铁白云石胶结，Y921，2791.99m，10×10，正交光；(g)泥质粉砂岩中充填的方解石脉状胶结物，W112，1930.4m，10×10，正交光；(h)脉状方解石胶结物、方解石胶结物交代长石，FS2，5649.2m，10×10，正交光

（4）菱铁矿胶结物：这类胶结物在研究区少数井有发现，如梁 90 井发现了大量的菱铁矿胶结物，主要呈微晶状产出，多呈棕褐色，晶粒状集合体充填在粒间孔中，偶尔见与石英颗粒的交代现象，也可见与铁方解石和铁白云石的相互交代现象，含量一般不超过 2％，零星分布于砂岩储层中。

2. 碳酸盐胶结物的沉淀机理

1）原始水介质的化学沉积分异作用

通过大量薄片鉴定资料表明，济阳坳陷孔店组存在大量原生沉淀碳酸盐胶结物，这类胶结物主要表现为基底式胶结和少量接触式胶结。结合不同井区具体位置，建立了该时期湖盆发育的化学分异模型（图 5-5）。济阳坳陷孔店组沉积时期，主要为干旱的盐湖环境，湖泊为北断南超的箕状断陷湖盆，湖泊环境明显受到强烈的分异作用。机械碎屑物质从湖盆边缘到中央逐渐变细，而化学物质的沉积序列则为氧化物质－碳酸盐物质－硫酸盐和卤化物的沉积顺序，实际研究也完全证实了这个化学沉积的分异模式。表 5-3 显示了不同类型方解石胶结物的包裹体温度（表 5-3），其中 W100 井的钙质砂岩中的连生方解石胶结物包裹体测温显示了该类包裹体形成的温度较低，可能跟原始沉积水体有关。

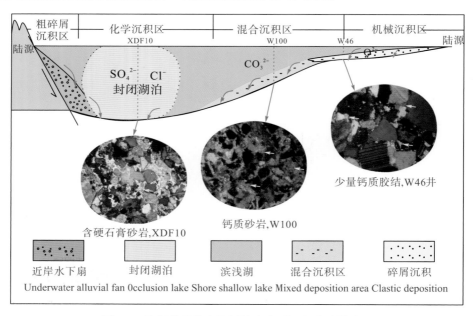

图 5-5　济阳坳陷孔店期原始水介质沉积分异模式图

早期方解石的沉淀作用：

$$2CO_2 + 2H_2O + Ca^{2+} \Longrightarrow Ca(HCO_3)_2 + 2H^+ \rightarrow Ca(HCO_3)_2$$
$$\Longrightarrow CaCO_3 + HCO_3^- + H^+$$

另外，如果 Mg/Ca 较高以及 Fe 含量较高，菱铁矿和微晶白云石就会发生沉淀，形成特殊的胶结物。尽管孔店组菱铁矿胶结和泥晶白云石胶结比较少见，但部分地区仍然有一定的发育，如 L90 井出现了大量的菱铁矿胶结物，XLS1 井区出现大量基底式胶结物，具体菱铁矿和泥晶白云岩发生的机理是：

泥晶白云石沉淀机理：$2CO_2 + 2H_2O + Ca^{2+} + Mg^{2+} \rightarrow CaMg(CO_3)_2 + 4H^+$

菱铁矿胶结物沉淀机理：$HCO_3^- + Fe^{2+} \rightarrow FeCO_3 + H^+$

济阳坳陷孔店期陆源碎屑物质在向湖盆中央推进的过程中，粗的碎屑物质首先沉积下来，此时，胶结物多数与泥质成分和氧化物成分有关，含有少量的碳酸盐胶结物，如图 5-5 中的王 46 井的岩屑砂岩中只含有少量的碳酸盐胶结物。这种胶结物一部分是由于原始沉积形成，另一部分则是在后期的过程中形成，表 5-3 的 W46-45 显示具有较高的包裹体形成温度，证实了这种推论；随着陆源碎屑物质向湖盆中央推进，碎屑物质的粒度逐渐变小，此时，水体中的碳酸钙溶解度逐渐达到饱和沉淀阶段，同时发生了化学沉积和机械沉积，这种湖盆的位置比较发生混合沉积，研究区 W100 井等井区发生的钙质砂岩，甚至是出现碳酸盐为背景的砂质灰岩；湖盆中央由于水流不畅，碎屑物质较少到达，盐度过高，硫酸盐和卤化物容易发生沉淀，HK1 井、XDF10 井等井区，沉积了膏质的碎屑岩和泥岩，盐类矿物也发生沉淀，形成岩盐，而碳酸盐在该地区沉积较少量，多沉积泥晶的白云石，与岩盐伴生。因此，济阳坳陷古近系孔店组沉积时期，干旱的环境，造成了湖泊水体的溶解度达到碳酸盐的沉淀条件，容易形成基底式胶结的混合沉积岩类。

表 5-3 济阳坳陷碳酸盐胶结物碳、氧同位素及包裹体测温

样品号	深度/m	矿物	成因	类型	形态	大小/μm	$\delta^{13}C/‰$	$\delta^{18}O/‰$	Th/℃
W100-12	1801.95	连生方解石胶结物	原生	盐水	基底式	8	0.83	−16.23	62.7
SK1-8	5193.5	裂缝充填方解石	次生	盐水	脉状	7	−0.12	−18.12	168.4
SK1-8	5193.6	裂缝充填方解石	次生	盐水	脉状	6	−0.23	−18.01	172.6
SK1-8	5193.6	裂缝充填方解石	次生	盐水	脉状	4	−0.34	−17.9	173.5
SK1-8	5193.6	裂缝充填方解石	次生	盐水	脉状	5	−0.26	−18.79	175.3
SK1-8	5193.6	裂缝充填方解石	次生	盐水	脉状	7	−0.24	−18.68	176.2
SK1-8	5193.6	裂缝充填方解石	次生	盐水	脉状	4	−0.27	−17.57	178.8
W46-45	3788.79	方解石胶结物	次生	盐水	镶嵌状	4	−3.04	−17.01	140.3
W46-45	3788.79	方解石胶结物	次生	盐水	镶嵌状	5	−2.95	−16.97	142.7
W46-45	3788.79	方解石胶结物	次生	盐水	镶嵌状	4	−2.78	−17.02	145.4
Y921-9	2468.54	铁方解石胶结	次生	盐水	镶嵌状	4	−2.24	−18.02	87.4
Y921-24	2791.99	铁白云石胶结	次生	盐水	镶嵌状	5	−3.03	−20.01	120.1

2）成岩其碳酸盐胶结物的物质来源问题

前已述及，成岩期可以形成各类碳酸盐胶结物，不同的类型需要沉淀的水介质条件存在较大差异。不同成岩演化阶段，形成不同类型的方解石胶结物。各种胶结物类型的沉淀需要具备充足的物质来源，主要包括 CO_3^{2-}、Ca^{2+}、Fe^{2+}、Mg^{2+} 等的物质来源问题，这是孔隙中流体发生沉淀的物质基础。

（1）CO_3^{2-} 是碳酸盐胶结物沉淀的基础。砂岩埋藏过程中，多种途径可以提供 CO_3^{2-}，主要跟介质中的流体性质和有机质热演化有关。①碳的来源问题是研究成岩流体来源的重要手段，究竟是原始盐湖水介质还是深部热源流体，这是问题的关键所在。通常可以利用同位素和包裹体温度来判别。地质历史中，海相碳酸盐岩 $\delta^{18}O$ 值具有随地质年代变老而明显降低的"同位素年代效应"（Veizer and Hoefs，1976）。表 5-3 显示，早期连生方解石胶结物的氧同位素明显高于成岩期胶结物，表明成岩期胶结物主要是受后期的深部流体的影响。②有机质热演化也是提供 C 的主要来源之一（孙致学等，2010；刘四兵等，2014 b），随着埋藏深度的加大，有机质开始降解，有机酸开始对岩石进行溶蚀，从而使流体中的 CO_3^{2-} 含量增高，当环境发生改变时，就会发生沉淀，形成沉淀物质。

（2）Ca^{2+} 来源是形成大量钙质胶结物的基础。成岩过程中 Ca^{2+} 可通过黏土矿物的转化作用、长石的溶解、铝硅酸盐的水化作用和原生含钙物质的溶解作用形成（黄思静等，2001；孙致学等，2010）。黏土埋藏过程中，要发生转化，如蒙脱石会随着地层的埋深作用，脱去层间水形成自生伊蒙混层，进而变为伊利石，这一过程也需要钾长石溶解的 Ca^{2+}；而长石在酸性流体作用过程中也会发生溶解，从而会形成黏土矿物和 Ca^{2+}，孔店组中出现的大量钙质胶结物交代长石的现象就跟这样的作用方式有关；另外，其他类似的铝硅酸盐的水化作用和含钙物质的溶解沉淀也是原因之一。

黏土矿物的转化：

$4.5K^+ + 8Al^{3+} + 蒙脱石 \rightarrow 伊利石 + Na^+ + 2Ca^{2+} + 2.5Fe^{3+} + 2Mg^{2+} + 3Si^{4+}$

长石的溶解作用：$CaAl_2Si_2O_8（钙长石）+ H^+ \rightarrow Al_2Si_2O_5(OH)_4（高岭石）+ Si^{4+} + Ca^{2+}$

（3）Fe^{2+}、Mg^{2+} 是形成铁方解石和铁白云石的关键。其形成原因往往跟黏土矿物的转化有关，从表 5-3 可以看出，铁方解石和铁白云石的形成温度较高，尤其是铁白云石的形成温度较高，埋藏深度较深，与黏土矿物的转化作用非常相关（谭先锋等，2010b；孙致学等，2010），还可能跟深部热源的 Fe^{3+} 和 Mg^{2+} 有关（高丽华等，2014）。研究表明，济阳坳陷为断陷型湖盆，断裂活动导致了深部卤水向上流动渗透，这个过程可能导致某些高 Fe^{2+}、Mg^{2+} 的深部卤水，为铁方解石和铁白云石提供物质来源。

表 5-4 济阳坳陷孔店组黏土矿物 X 衍射分析

井号	井深/m	层位	岩石类型	黏土总量/%	黏土矿物相对含量/%				伊/蒙间层比
					伊/蒙间层	伊利石	高岭石	绿泥石	
HK1	3491.70	孔店组	泥质粉砂岩	22	35	57	6	2	20
	4013.16		含碳酸盐质泥质粉砂岩	8	17	24	12	47	10
	4013.23		含硬石膏质粉砂岩	22	24	28	18	3	20
	4013.28		含碳酸盐质含泥质粉砂岩	7	13	29	12	46	15
	5103.85		极细粒长石砂岩	10	35	47	8	10	15
	5104.65		极细粒长石砂岩	40	27	25	12	36	15
W46	2924.83	孔店组	粉砂质极细粒长石砂岩	4.00	15	17	19	49	20
	2997.10		极细粒岩屑长石砂岩	11.00	33	20	19	28	20
	3787.69		中粒岩屑长石砂岩	5.00	24	20	15	41	20
	3791.35		含灰质极细粒长石砂岩	7.00	44	32	11	13	20
	4116.31		泥云质极细粒岩屑长石砂岩	47.00	23	68	3	6	20
WH131	2254.96	孔店组	泥质粉砂质极细粒岩屑长石砂岩	15.00	73	13	8	6	55
	2368.00		极细粒岩屑长石砂岩	4.00	62	22	8	8	20
W100	1855.95	孔店组	极细粒岩屑长石砂岩	8.00	69	14	9	8	60
	2017.00		极细粒长石砂岩	4.00	48	34	9	9	50
	2112.50		灰质极细粒岩屑长石砂岩	8.00	71	14	7	8	55
	2177.25		细粒岩屑长石砂岩	11.00	52	22	13	13	50
	2196.70		细粒岩屑长石砂岩	4.00	23	12	38	27	20
	2262.00		细粒岩屑长石砂岩	7.00	64	14	16	6	55

3) 成岩期流体活动与碳酸盐胶结物的形成

济阳坳陷孔店组黏土矿物的热转化关系表明，伊/蒙间层比可达 55，说明部分埋藏深度较大的地区热转化程度较高（表 5-4），成岩演化处于中成岩 A-B 期（谭先锋等，2010b；谭先锋，2013）。埋藏过程中，流体的不断注入为黏土矿物不断转化提供了物质来源。流体作用加快了钙质胶结物和碎屑的溶解，乙酸和碳酸是方解石溶解的两种主要酸源，方解石的溶解热力学动力是在 $CaCO_3\text{-}CO_2\text{-}H_2O$ 体系中完成的（Kantorowicz et al.，1987），Ca^{2+}、HCO_3^-、H^+ 浓度以及 CO_2 分压、温度、压力、pH 决定着体系的平衡与转移，以及碳酸盐矿物的溶解与沉淀。

有关碳酸盐矿物的溶解产生大量 CO_3^{2-} 与 Ca^{2+}，当 $CaCO_3\text{-}CO_2\text{-}H_2O$ 的体系趋于饱和，CO_3^{2-} 与 Ca^{2+} 重新结合又会形成 $CaCO_3$，从而发生成岩期碳酸盐胶结物的沉淀作用，形成铁方解石胶结、铁白云石胶结、晚期方解石胶结等。Meshri

（1986）曾建立了碳酸的溶解和黏土矿物有机酸溶解沉淀模型（图 5-6），孔店组存在大量的早期方解石胶结和钙质岩屑，可以为碳酸的形成和晚期碳酸盐胶结物的沉淀提供有力的证据。有机酸的溶解一般包括黏土矿物的转化排出的有机酸和泥岩有机质演化的有机酸，这些溶解过程中均会产生一定数量的 Ca^{2+}、HCO_3^-，最终为碳酸盐胶结物的沉淀奠定基础。济阳坳陷孔店组存在大量的砂泥岩旋回，在深度埋藏的过程中，伊/蒙混层转化程度高（表 5-4），非常有利于这样的溶解。

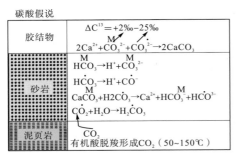 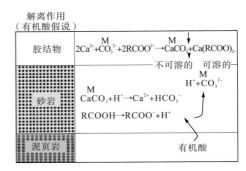

图 5-6　有机酸与碳酸盐矿物溶解作用机理（据 Meshri，1986 修改）

　　笔者曾对孔店组成岩演化进行研究，结果表明，中成岩 A 期为酸性流体，到了中成岩 B 期地层转化为弱碱性（谭先锋等，2010b）。此时，上一个时期的碳酸盐胶结物的溶解作用基本结束，随之而产生大量的碱性流体，有利于大量的方解石胶结物的形成。其沉淀机理比较复杂，原因在于黏土矿物成岩过程中释放出大量的 Fe，特别是对于孔店组红色泥岩地层，排水过程中必然也存在释放大量的游离态的 Fe。与碳酸盐矿物发生反应，形成铁方解石和铁白云石，菱铁矿次之。这种反应需要一定的温度和压力，反应温度一般大于 95℃，埋深加大，作用增强（谭先锋，2013），形成机理如下：

$$2CO_2 + H_2O + Ca^{2+} \rightarrow CaCO_3 + 2H^+$$
$$2CO_2 + 2H_2O + Ca^{2+} + Mg^{2+} \rightarrow CaMg(CO_3)_2 + 4H^+$$
$$CaCO_3 + xFe^{2+} = Ca_{1-x}Fe_xCO_3 + (1+x)Ca^{2+} =$$
$$[CaCO_3 + 0.05Fe^{2+} = Ca_{0.95}Fe_{0.05} + 0.05Ca^{2+}$$
$$CaMg(CO_3)_2 + 0.36Fe^{2+} = CaMg_{0.64}Fe_{0.36}(CO_3)_2 + 0.36Mg^{2+}$$

　　通过对大量薄片进行总结，孔店组铁方解石开始出现的深度一般为 1700m 左右，大量铁方解石形成的深度大约在 2500m 以下，在 2500~4500m 铁方解石、铁白云石十分发育（黄思静等，2001）。与此同时，黏土矿物在该埋藏深度发生了大量转化，释放出大量的 Ca^{2+}、Fe^{2+}、Mg^{2+}。因此，黏土矿物的转化为铁碳酸盐胶结提供了物质来源，铁碳酸盐胶结物形成与黏土矿物的转化作用具有非常好的耦合关系，成为中成岩 B 期的典型胶结物类型。

　　济阳坳陷孔店组地层埋藏过程中的热源流体的加入也可以形成铁方解石和铁白云石。前人通过对济阳坳陷沙河街组四段断层附近胶结物研究表明，部分铁方解石和铁白云石跟断层热液流体有关，证实了深部热液流体对铁碳酸盐胶结物的重要贡献(高丽华等，2014)。本次研究在孔店组部分浅层岩石中和超深层岩石中，均发现了一定规模的铁方解石和铁白云石胶结物，同位素和流体包裹体证据证实了其沉淀机理与热液流体相耦合。

5.3.2　硅质胶结物的沉淀与溶解机理

　　硅质胶结物作为碎屑岩储集层中常见的一种自生矿物，其对应的硅质胶结作用多年以来一直被认为是破坏砂岩储集性最重要的化学过程之一。但是对其物质来源的研究进展却较缓慢(Rezaee and Tingate，1997；Blatt，1979；Giles et al.，2000)。砂岩中的硅质胶结物主要在 60~145℃ 的成岩温度条件下形成，其常见的存在形式主要有 4 种，即次生加大石英、孔隙充填自生石英、裂隙愈合自生石英和黏土矿物的硅化作用形成的石英(Walderhaug，1994；闫建萍等，2010)。众多国内外学者研究表明，全球范围内多个沉积盆地中形成硅质胶结物的硅质来源达 20 种(武文慧等，2011)。探索其硅质胶结物的沉淀和溶解机制是揭示成岩流体来源的重要手段。

1.硅质胶结物溶解沉淀控制因素

1)离子强度的影响

　　众所周知，水溶液中溶有许多阳离子，如 Na^+、K^+、Ca^{2+}、Mg^{2+} 等对硅质胶结物的影响非常大。离子本身亲核攻击硅－氧键和表面吸附能力的大小决定了离子对石英溶解速率，离子表面发生吸附反应时ⅡA族比ⅠA族具更强的吸附能力(Dove，1999)。在其研究的基础之上张思亭等(2009)以 Na^+、K^+、Ca^{2+}、Mg^{2+} 等离子为例进行进一步研究。研究表明，低浓度的 Na^+、K^+、Ca^{2+}、Mg^{2+} 会使石英溶解速率增大 40~100 倍。中性条件下，石英的溶解速率按 H_2O $<Mg^{2+}<Ca^{2+}≈Li^+≈Na^+≈K^+$ 的顺序依次增大。

　　如图 5-7 所示，不同离子对石英溶解速率的影响趋势基本相同。当浓度增大到一定值时影响效果会逐渐减小。此外，虽然 Mg^{2+} 对溶解速率的影响最为强烈，但是在自然界水中 Mg^{2+} 的浓度非常小，所以影响石英溶解速率的主要因素是 Ca^{2+}。因此，离子强度越大越有利于石英的溶解，且随着离子强度的增大，石英溶解速度增加的幅度也在增大，直至一定范围时影响效果会趋于稳定；另一方面，离子强度越小越有利于石英的沉淀，且随着离子强度的减小，石英沉淀的速度变化不是很大，直至一定范围内，随着离子强度减小，石英沉淀速度幅度会增加。

2)pH 的影响

pH 对硅质胶结物溶解的影响一直以来都是众多学者的研究热点，不少学者也取得了一定的成果。在 Denver 盆地中，高 pH 的碱性卤水，由于 Lyon 砂岩近源相与低 pH 水的混合，使石英发生沉淀（Levandowskidw，1973）。pH 小于 9 时，石英在溶液中稳定，当 pH 增高到 9～9.5 以上时，石英的溶解度急剧增加，在此过程中硅质的溶解度也相应发生变化（郑浚茂和庞明，1988）。经过仔细研究，张思亭等对这种现象做出了合理的解释，认为在任何给定的 pH 时，表面基团（neu）都存在于 Si—OH、质子化 Si—O$(H_2)^+$（pro）和去质子化 Si—O（depro），石英溶解速率取决于它们在表面的分布密度。当 pH≤2.3 时，溶液中 Si—O$(H_2)^+$ 逐渐增多，而当 pH≥6.8 时，Si—O$^-$ 在溶液中的浓度渐增（张思亭等，2009）。综上所述可以发现，在酸性条件下，石英的溶解相对较稳定，无太大变化；碱性条件下，石英的溶解加速，且随着 pH 的增大，石英溶解速度增加的幅度也在增大；另一方面，酸性条件下，石英的沉淀加速，且随着 pH 的减小，石英沉淀速度增加的幅度也在增大。由此可见，pH 对石英溶解的影响是非常重要的。

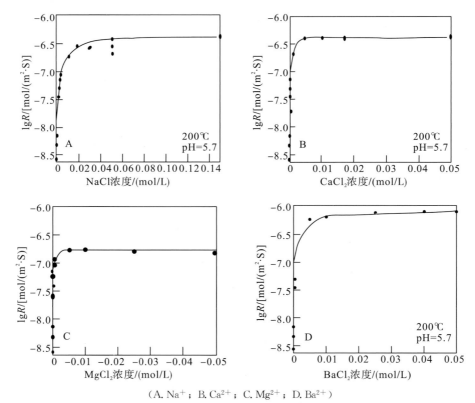

（A. Na$^+$；B. Ca^{2+}；C. Mg^{2+}；D. Ba^{2+}）

图 5-7　200℃中性 pH 时石英溶解与电解质浓度的关系（Dove，1999）

3）温度压力的影响

温度和压力对硅质胶结物的溶解也是至关重要的。温度和压力不断增加，硅质的溶解度就会不断升高（邢顺全，1983）。温度对石英溶解速率的影响不可忽略，当温度从 25℃ 升高到 430℃，溶解速率会增大 11 个数量级（张思亭等，2009）。一般情况下，地温或地热梯度越高，自生硅质胶结物的含量越高，同时压力和温度的降低很易造成石英的沉淀（Dove，1999）。然而压力过高也可以抑制超压体系内泥岩有机酸的生成，使铝硅酸盐矿物的溶解作用滞后，亦导致 Si^{4+} 的减少（孟元林等，2013）。如果压力过高还会抑制蒙皂石的伊利石化和黏土矿物的脱水，也会引起 Si^{4+} 的排放量减小（郑浚茂等，1988；Dove，1999）。经过大量的研究，史丹妮，金巍等提出了众多学者都认同的观点，石英在高温、高压下也易于溶解，在低温、低压下易于沉淀（史丹妮等，1999）。

4）颗粒表面特征

表面形态对硅质胶结物溶解速率的影响一直没有得到重视。不同表面形态的石英在水中有不同的溶解速率（Sverjensky，1997）。此后，各种观点相继被提出。相同状态表面不同位置溶解速率也不相同（Dove，1999）。石英表面的溶解过程分为两部分：①表面梯台（step）的消退；②石英表面缺陷造成的溶解，而棱状石英表面梯台的溶解速率要大于柱状石英表面梯台的溶解速率（Sverjensky，1997）。干净的颗粒表面有利于石英次生加大的形成，而当颗粒表面被其他矿物包裹后，特别是石英颗粒被黏土矿物包裹时，可以明显抑制石英次生加大（肖冬生和付强，2011）。总结学者们的观点可以发现，越复杂的石英越容易发生溶解，而越干净的石英越容易发生沉淀。

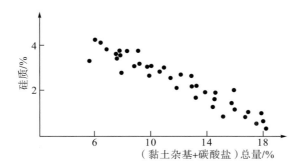

图 5-8　高邮凹陷带一段黏土杂基和碳酸盐总量与硅质关系图（武文慧等，2011）

5）其他因素的影响

硅质胶结物的溶解是由多种因素共同控制的。目前饱和度、生物作用、扩散作用、有机物等因素都在探索之中。硅质胶结的胶结程度还受其他胶结物含量的影响，随着黏土杂基和碳酸盐等胶结物的升高，石英胶结程度降低（武文慧等，2011）（图 5-8）。油气的充注可以抑制成岩的进行（Marchand et al.，2002；Wilkinson et al.，2004）。因为当油气充注后，水会被油气驱替，物质没有办法被运移，从而抑制成岩作用的进行(Storvoll et al.，2002)，石英的胶结作用也不例外(肖冬升和付强，2011)。

2.硅质胶结物溶解沉淀模型

综合硅质胶结物溶解、沉淀的各种因素，系统总结了不同来源硅质溶解-沉淀的影响因素并建立了形成模式(图5-9)。

图5-9表明，硅质胶结物的物质来源有很多，不同来源的硅质在溶解-沉淀时的影响因素也不同。具体表现为：①由长石溶蚀提供的硅源，在溶解-沉淀过程中主要受长石、其他碎屑物的成分及含量的影响，同时孔隙流体的性质及其演化过程对这一过程有很大的影响；②由黏土矿物转化而来的硅质，在溶解-沉淀过程中主要黏土矿物的成分、含量、砂体内黏土杂基的及薄层泥岩的分布、石英颗粒的含量和粒度大小、成岩演化阶段的影响；③由压溶作用提供的硅质，其溶解-沉淀过程比较复杂，受到多种因素的共同影响，其中对其溶解-沉淀影响最大的是颗粒的接触关系、有效压力和孔隙内硅质浓度，其次黏土杂基和薄层泥岩的含量及分布、石英颗粒的含量和粒度大小及成岩演化温度、压力都对这一过程有一定的影响；④有外来流体带入的硅质可分为3种：大气水带入的硅质，其溶解-沉淀过程主要受到暴露剥蚀时间和当时气候以及长石、碎屑物等组分的含量影响；地下流体带入的硅质则会受到流体的来源处的岩性及温度、流体的来源处地质构造的性质及其发育程度的影响；压实水带入的硅质也会因厚层泥岩累计厚度、成分及分布及成岩演化阶段不同表现出不同的溶解-沉淀性质；⑤最后是由非晶质提供的硅，在其溶解-沉淀的过程中，主要影响因素为硅质生物体、蛋白石、玻璃质等非晶质的含量、埋藏史特征等。

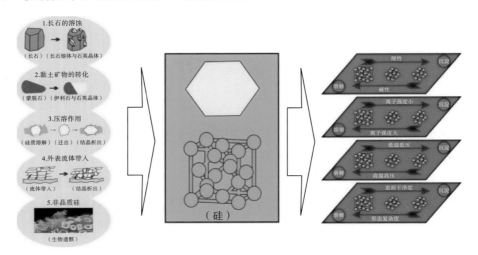

图5-9　硅质胶结物的溶解-沉淀模式

5.4 成岩作用系统

5.4.1 成岩系统封闭性

原始沉积物质形成之后，经历漫长的成岩过程而形成岩石，这个过程中原始物质的形成、埋藏过程、流体性质及构造热演化等共同构成了成岩作用系统（图 5-10），成岩系统是温度、压力、时间和流体的共同作用的函数。共同决定了岩石的整个成岩过程和最终的岩石状态。整个成岩作用系统活动过程中，伴随着系列的物质转化和物质迁移，这种转化和迁移取决于系统的封闭性，即开放系统和封闭系统。

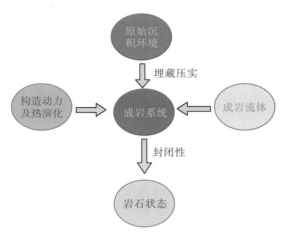

图 5-10 成岩作用系统

成岩系统的开放与封闭对原始沉积矿物和元素有不同的影响（图 3-22）。开放成岩系统中，由于物质的迁移，会有新矿物的生成和部分矿物的溶解，封闭成岩系统中，由于流体的循环，导致部分元素重新组合，黏土矿物的转化是最好的解释。对于黏土矿物来讲，成岩改造之后就更难恢复与旋回的物质耦合关系。因此，对于原始沉积的矿物来说，无论是封闭环境还是开放环境，成岩改造的作用对原始物质与矿物的耦合关系都是非常不利的。

元素特征的情况更加复杂，如果是封闭成岩环境，沉积旋回地质体没有与外界物质交换，这种情况下，元素特征保留了原始的沉积信息，元素的聚集对于分析沉积环境和矿产资源开发都是非常有利的。如果地质体处于开放环境中，或者是某个时间段经历了开放环境，如构造活动和岩浆活动。这种情况下元素聚集特征与旋回分析耦合关系就非常差，前文所述元素特征中某些元素比较杂乱，无任何规律，可能就跟外来物质的加入有关。开放环境中，由于物质交换，可能还会富集之前沉积没有的元素和矿物，如 W111 井的底部沉积时期，就出现了火山物质，说明当时有岩浆作用，对沉积物进行了改造，因此在 W111、W113 等井位中出现了萤石、天青石、黄铁矿、硅质胶结等物质，这种物质的出现提供了 Sr、Ca 等元素，可能会对元素分析造成很大影响。因此，在进行元素富集规律分析的时候必须要考虑到该因素的影响。

5.4.2　成岩系统制约因素

1. 原始物质聚集和分异对成岩系统的影响

陆相湖泊沉积环境中，碎屑物质和化学物质的分异作用决定了原始物质的形成，是制约后期成岩演化的主要因素之一。如陆源碎屑的"砂"和"泥"可以同时出现在同一种岩性中。通过对济阳坳陷孔店组大量岩心及薄片的观察（图 5-11），"砂"和"泥"的混合沉积现象比较普遍。碎屑岩中如果含有大量的泥，长期暴露于大气当中，必然会发生水解，风化表面变得疏松并且呈粉末状。碎屑砂-泥碳酸盐组成共轭沉积系统，出现多种不同过渡类型的岩石。

（1）碎屑砂占主导的岩石，这种岩石一般为泥质粉砂岩或含泥粉砂岩（图 5-11k），这种岩石中砂的含量超过 50%，泥的含量一般小于 25%，这种岩石类型一般出现在滩坝沉积的侧翼环境中，根据水动力的强弱优势而形成。

（2）泥占主导的岩石，这种岩石一般为粉砂质泥岩或含粉砂泥岩（图 5-11f、e、l），该类岩石一般泥的含量超过 50%，砂的含量一般小于 25%，一般出现在滨浅湖滩坝的侧翼外缘以及滩坝间，偶尔有碎屑"砂"的掺和，在泥岩中多数呈零星分布。

（3）碎屑砂-泥-碳酸盐组成共轭沉积系统，三种物质相态同时存在于同一种岩石当中，且碳酸盐胶结物呈现基底式胶结，明显属于沉积期形成的胶结物（图 5-11c）。该类岩石类型一般出现在滨浅湖滩坝侧翼，偶尔出现在滩坝中心。三种物质在岩石中均有一定分布，这种分布打乱了单一的物质沉积方式，出现在滨浅湖的混合沉积区，比较少见。

（4）碎屑砂与碳酸盐的混合沉积，这种沉积类型主要见于滩坝沉积的中心，胶结物一般呈基底式胶结（图 5-11e），碎屑砂呈漂浮状出现在碳酸盐胶结物中，属于典型的混合沉积岩石类型，说明该沉积时期的化学沉积分异和机械沉积分异作用比较强烈，突破了单一的原始沉积方式，研究区非常常见。

（5）泥与碳酸盐胶结物的混合沉积，这种沉积类型尽管比较少见，但研究区仍有一定的发现，碳酸盐胶结物呈斑点状强烈胶结泥岩，即所谓的钙质泥岩或含钙泥岩，这种岩性主要出现在分异彻底的滨浅湖滩坝间地带。

（6）钙质砂岩与砂质泥岩的交互薄互层产出（图 5-11e、i、l），这种层状非常薄，厚度仅 0.1～0.5cm，野外岩心出现层状的结构，镜下特征也显示了钙质砂岩与砂质泥岩明显具有一个分界线，该分界线明显是沉积环境改变的结果，动荡的水体加之陆源碎屑物质的分异和沉淀，造成了两种过渡类岩石的交互式沉积。

图 5-11　济阳坳陷孔店组混合沉积现象

(a)灰绿色砂岩与红色泥岩互层沉积，W100，E_1K_1；(b)砂岩的暴露面风化水解严重，W100，E_1K_1；(c)砂－碳酸盐－黏土三相混合沉积，W100，E_1K_1；(d)含黄铁矿砂岩风化严重，W100，E_1K_1；(e)钙质粉砂岩与粉砂质黏土岩的突变接触，W100，E_1K_1；(f)黏土岩中含有少量的石英颗粒，W100，E_1K_1；(g)紫红色泥质粉砂岩，W100，E_1K_1；(h)黏土矿物与石英颗粒的交互沉积，含铁质薄膜，W100，E_1K_1；(i)泥质粉砂岩与钙质粉砂岩呈极薄层互层，W100，E_1K_1；(j)泥质粉砂岩，W100，E_1K_1；(k)黏土矿物与石英颗粒的交互沉积，W100，E_1K_1；(l)钙质粉砂岩与粉砂质黏土岩的突变接触，W100，E_1K_1

滨浅湖环境中除了形成系列的砂－泥岩的互层沉积外，还可以形成砂－泥的混合沉积岩系列（孙书勤等，2000），主要跟滨浅湖环境中的共轭震荡作用有关，是物质来源和湖盆流体性质的共同作用产物（Humphrey and Heller，1995）。东营断陷湖盆孔店期为盐湖沉积环境（操应长等，2011），沉积时期风化作用强烈，各种碎屑矿物、黏土矿物和湖盆中的自生矿物混合沉积比较发育，机械沉积分异和化学沉积分异比较强烈(谭先锋等，2013)，滨浅湖中出现的砂-泥-化学沉积物的三种物质相态的过渡岩类，这些岩类包括泥质粉砂岩、粉砂质泥岩、钙质粉砂岩、膏质粉砂岩以及多相态的混合岩类。随着来自南部广饶凸起的物质供给的持续加强和机械沉积分异作用的进行，在南部滨岸带形成了系列的滩坝沉积，这些滩坝沉积在波浪作用的间歇性动荡作用下，滩坝中心不断迁移改变，这样的改变除了可以形成宏观的砂岩-泥岩的互层沉积之外，砂和泥自身也在发生着过渡相态的混合，形成了砂-泥共轭的沉积岩石类型；由于该时期湖盆水体主要为高盐度的湖水，化学沉积分异作用强烈，在机械沉积分异同时，滨浅湖中的化学沉积分异导致了碳酸盐、硫酸盐等化学物质的沉淀，从而形成了系列的钙质砂岩和膏质砂岩；在三种相态物质沉积的区域，还可以形成三种物质相态的混合沉积岩类。

另外，孔店沉积时期处于断陷湖盆沉积初期，断陷作用造成部分地区接受沉积。该时期沉积水介质原始水体主要为 $CaCl_2$、$NaHCO_3$ 型，少量 Na_2SO_4 和 $MgCl_2$ 水型。红层沉积一般认为扩张湖泊，加之硬石膏在湖盆中央的大量出现，可以判断原始水介质对早期成岩作用有较大影响。研究表明，孔店期沉积沉积体系属于震荡性湖泊沉积环境，气候干旱-潮湿间断出现。早期出现的硬石膏、黏土矿物等对原始沉积物质造成较大影响，影响后期的成岩演化。大量镜下研究表明，孔店组尽管深度普遍较大，但颗粒之间多数为漂浮状，一般以黏土矿物、硬石膏和方解石为填充背景，说明了原始沉积水介质及气候环境对早期成岩作用的影响。

2.成岩流体活动对成岩系统的影响

(1)地层流体活动对岩石的改造：碎屑岩沉积物经漫长的成岩过程演变成岩石，在此期间，一直经历埋藏成岩作用过程，流体的强烈改造、黏土矿物的转化形成的流体均会对岩石造成强烈的影响。特别是对于孔店组硬石膏、方解石、黏土矿物三大主要填隙物在埋藏演化过程中均会发生自调节和转化，如早期沉淀主要为石膏，在埋藏条件下水体排除改造变成石膏；泥晶方解石胶结在酸性流体下溶解-沉淀形成晶粒状方解石、铁方解石等；黏土矿物在酸性流体下自转化形成新的矿物，诸如这些变化均跟埋藏条件下的酸性流体有关。孔店组酸性成岩流体主要来源于有机质热解过程中释放的有机酸和黏土矿物转化过程中排除的有机酸。高岭石转化、蒙脱石转化、长石溶蚀过程中不但可以提供酸，尤其是对于砂-泥互层的岩石中，黏土矿物的强烈改造形成大量有机酸。而且可以提供大量石英次生加大所需的 SiO_2，这是石英次生加大的主要物质来源。但随着成岩演化的进行，流体性质又转变成弱碱性，使孔店组成岩演化具有多重环境的演化格局。

表 5-5　东营凹陷方解石脉矿物碳氧同位素测试结果

样号	井号	井深/m	层位	样品描述	$\delta^{18}O‰$ (SMOW)	$\delta^{13}C‰$ (PDB)
1	G41	1036.7	Ek	灰黑色玄武岩裂缝碳酸盐充填脉	18.9	−10.9
2	G41	1047.1	Ek	灰黑色玄武岩裂缝碳酸盐脉	17.9	−11.0
3	G41	1252.0	Ek	灰色岩屑质长石细砂岩碳酸盐胶结物	18.2	−0.02
4	G41	1268.3	Ek	灰黑色拉斑玄武岩裂缝碳酸盐充填脉	13.1	−7.3

(2)构造热液流体活动对岩石的改造：孔店组沉积物形成之后，断陷湖盆持续断裂。成岩早期形成一些同生变形构造，成岩中晚期形成裂缝-充填过程。断裂作用必然会形成一些断裂系统，裂缝系统的存在使成岩演化变得比较复杂，原因在于上下地层水顺着这些裂隙，直接渗入孔店组地层。由于孔店组多数为硬石膏、黏土矿物、方解石等矿物，砂泥岩自我隔挡作用比较强烈，非均质性较强，断裂系统很容易自我填充，使成岩系统回归封闭。另外，岩浆活动也有所发现，如 W112 井孔店组底部的岩浆岩，为孔店组沉积之后顺着断裂作用渗透到孔店组的。这种岩浆活动一方面加剧沉积物的成岩演化；另一方面，直接改造周围岩石的物质成分。镜下观察还表明，高青-平南断裂带绿泥石（富镁矿物）脉普遍发育。碳氧同位素特征表明（表 5-5），砂岩中的方解石胶结物明显受到断裂岩浆活动的影响。基性岩浆的侵位，使得构造流体体系转化为富镁体系。在富镁体系的断裂带，往往富含绿泥石（解习农等，1996）。随着流体向上迁移，压力降低，pH 升高，H^+ 减少，流体首先进入绿泥石稳定区，绿泥石沉淀，Mg^{2+} 和 H^+ 降低，随后流体进入方解石稳定区，则方解石开始沉淀。方解石和层状硅酸盐矿物绿泥石在断裂带的富集使断裂强度大大降低，有利于断裂带的进一步发展，从而为后期岩浆和地幔流体的向上运移创造了更加有利的条件。

济阳坳陷内多数地区均遭受了规模大小不一的断裂作用，井-震结合显示了 W100 井经过断裂（图 5-12），这种断裂作用引起了整个地区的裂缝系统的发育。岩心观察发现，部分井位岩心上具有裂缝充填的痕迹，如 SK1 井岩心观察发现裂缝充填硬石膏（如图 5-13a），镜下观察同样发现这样的现象，如 XDF10 镜下照片发现硬石膏充填的裂缝（图 5-13b），其他井位也有这样的现象发现。裂缝系统的发育为成岩系统的开放性提供了条件，但不能认为具有裂隙就能具有开放的成岩系统，重点在于提供与外界流体交换的通道，如 SK1 井中方解石包裹体测温表明方解石脉矿物形成的温度普遍较高，为深度高温流体的产物（图 5-14）。

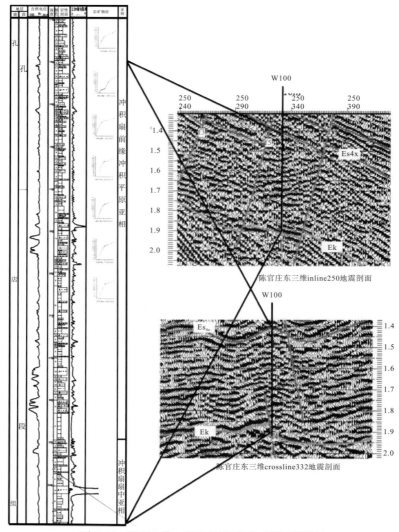

图 5-12　W100 井－震对比图（据胜利油田资料）

（a）裂缝被硬石膏充填，SK1，孔店组　　　　　　　（b）裂缝被硬石膏充填，XDF10，孔店组

图 5-13　济阳坳陷裂缝充填作用

图 5-14　裂缝充填方解石中盐水包裹体均一温度测试数据，样品 SK1-8

3. 构造动力作用对成岩作用系统的影响

构造作用造成岩石的变形变位，主要表现在：①构造侧向压力的持续加强，可以导致孔隙的减少（寿建峰等，2003），在西部挤压性盆地中，构造作用对孔隙的减少起到了至关重要的作用；②挤压作用造成岩石颗粒的重新调整和新矿物的形成，矿物在动力过程中也会发生转变，例如黏土矿物在动力作用下发生变质，形成新的黏土矿物类型（寿建峰等，2003）；③构造作用引起系列的构造应变以及流体活动的叠加，由于岩石的结构组成、物质组成和空间配置的差异，导致了对构造作用的响应和应变的差异（李忠等，2009），进而也可以造成岩石在空间上的非均质性（图 5-15）。构造活动和流体活动是孔店组砂岩成岩系统的重要因素，这种构造作用影响了该地区的成岩系统。

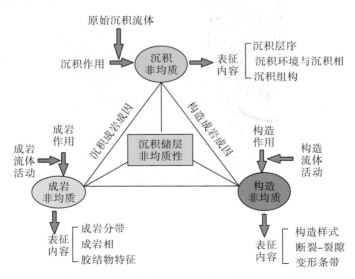

图 5-15　储层成岩系统与非均质性（据李忠，2009）

5.4.3 砂-泥旋回共轭成岩作用系统

泥岩的成岩演化对砂岩的胶结物形成和矿物溶解具有重要的影响，砂岩的成岩过程也制约泥岩的热演化过程和自生矿物的形成（王行信和周书欣，1992）。黏土矿物的热演化过程中，释放的元素离子可以成为砂岩成岩蚀变的重要物质来源，而长石和石英的溶解也为黏土矿物的演变提供了重要的物质来源，两者相互制约共同组成共轭成岩系统。砂岩和泥岩共轭互层系统中，其砂泥界面附近胶结强度明显高于砂岩内部，其物性参数受到较大的影响，界面附近物性明显变差（钟大康等，2004），砂岩和泥岩组成了复杂的共轭封闭成岩系统，其流体的相互作用机制是制约成岩系统的关键；而对于碎屑"砂"和"泥"混合沉积的岩石中，流体流动性较差（商晓飞等，2014c），碎屑"砂"和"泥"组成一个共轭的成岩系统，进行物质的相互转化和物质交换。

1. 砂泥互层封闭成岩系统

砂岩和泥岩的互层体系中，由于泥岩层对地层流体的阻隔，相邻的砂岩和泥岩的成岩演化相互制约，共同组成了封闭的成岩系统（图 5-16）。在压实和埋藏成岩过程中，泥岩的压实排水过程，对临近砂岩层的物质重新分布和调整起到了重要的作用（王行信和周书欣，1992）。整个成岩演化过程中泥岩层的成岩演化对砂岩层起到了重要的影响，主要包括早期压实排水作用和差异压实作用、中晚期黏土矿物的转化、结构水和有机酸的排放（图 5-16）。

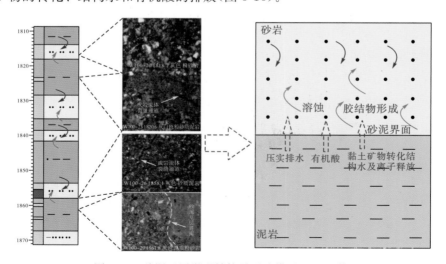

图 5-16　砂泥互层微观结构及理论模型（W100 井）

　　(1)早期差异压实和排水作用。泥岩和砂岩层形成之后，随着埋藏深度的增加，在上覆地层压力作用下，泥岩和砂岩层会发生差异压实作用，造成了早期黏土层与砂层的物质重新排列和不均衡，形成砂岩和泥岩的凹凸不平的界面，甚至是出现砂层中的颗粒被挤入黏土层中，出现不均衡的重新排列，W100 井中出现了典型的差异压实作用现象(图 5-17)；前人研究表明，黏土的早期压实作用可以使早期孔隙迅速降低，形成紧密压实的泥岩层，这个过程中，大量囚禁在黏土矿物中的早期地层水大量排出，直接注入到临近的砂岩层中，对砂岩的早期成岩胶结作用造成重要的影响(王行信和周书欣，1992)，形成系列特殊的胶结物。由于黏土矿物囚禁的原始沉积水介质中直接反映了沉积时期的性质，水介质中的大量原始沉积物质的离子随着地层水的注入，一起被带到邻近的砂层中发生沉淀。济阳坳陷古近系孔店组地层沉积时期，原始湖盆主要为高盐度的盐湖(岳志鹏等，2006；操应长等，2011)，原始沉积水介质中含有大量 Ca^{2+}，Na^+，Mg^{2+}，Cl^-，SO_4^{2-} 和 CO_3^{2-}，这些原始沉积水介质进入砂岩中形成大量的胶结物，在砂泥岩界面形成较高的碳酸盐、硫酸盐胶结物(图 5-17)。

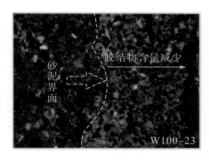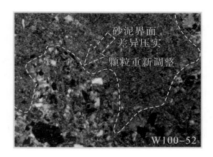

图 5-17　砂泥界面微观物质形态(W100 井)

　　(2)中晚期黏土矿物的转化和结构水的排放。随着埋藏成岩过程的进行，黏土矿物将发生成岩蚀变，当温度在 $70\sim100\,°C$ 时蒙脱石和高岭石发生蚀变形成伊利石(王茂桢等，2015)，这个过程主要表现为蒙脱石向伊蒙混层转化，再转化为伊利石，这个过程中伴随着新的离子的释放和黏土矿物结构水的排出。另外，早期沉淀的高岭石在富钾的成岩环境中也可以转变成伊利石，进而释放大量离子。具体反应式如式(5-1)和(5-2)。

蒙脱石$+4.5K^++8Al^{3+}\rightarrow$

$$KAl_3Si_3O_{10}(OH)_2(伊利石)+Na^++2Ca^{2+}+2.5Fe^{3+}+2Mg^{2+}+3Si^{4+} \tag{5-1}$$

$$2K^++3Al_2Si_2O_5(OH)_4(高岭石)\xlongequal{\ \ \ }2KAl_3Si_3O_{10}(OH)_2(伊利石)$$
$$+2H^++3H_2O \tag{5-2}$$

　　上述反应式表明，黏土矿物在转化过程中，释放了大量的 Ca^{2+}、Fe^{3+}、Mg^{2+}、Si^{4+} 和大量的结构水分子，这些结构水可以成为输送排放的离子到砂岩中的很好的载体。图 5-16 和表 5-6 表明，W100 井的砂泥岩互层中，蒙脱石向伊利石已经发生部分转化，伊利石含量为 17%～22%，伊蒙混层含量为 54%～67%，而高岭石含量较低，说明高岭石已基本脱水转化成伊利石（表 5-6）。由此证实了 W100 井砂泥互层的黏土矿物转化过程中，提供了大量的结构水和离子来源。携带着大量 Ca^{2+}、Fe^{3+}、Mg^{2+}、Si^{4+} 的结构水注入，在砂岩中会形成特殊的胶结物，如钙质胶结物、硅质胶结物和自生黏土矿物胶结物（王行信和周书欣，1992；钟大康等，2004）。笔者曾在济阳坳陷孔店组中也发现了大量铁方解石胶结物和铁白云石胶结物，其成因可能跟黏土矿物转化有关（谭先锋等，2010a）。图 5-17 也显示，在砂泥界面附近砂岩中的钙质胶结明显也较高，可能跟黏土矿物的转化过程中的结构水注入和沉淀有关。

表 5-6　济阳坳陷 W100 井孔店组 X 衍射分析

序号	井深/m	岩性	伊/蒙间层/%	伊利石/%	高岭石/%	绿泥石/%	伊/蒙间层比/%
1	1806.8	灰质粉砂岩	57	18	12	13	65
2	1815.5	粉砂岩	54	22	12	12	65
3	1855.15	粉砂岩	64	17	9	10	60
4	1855.65	粉砂岩	59	21	10	10	60
5	1859.85	泥质粉砂岩	67	17	8	8	70

（3）中晚期有机酸的排放。随着埋藏成岩过程的进行，有机质要逐渐发生热演化，释放有机酸，济阳坳陷孔店组有机质镜质体反射率数据表明（表 5-7），W46 井孔店组的镜质体反射率为 0.96～1.25，有机质热演化程度较高，进入中成岩期（谭先锋等，2010c）。一方面，富含有机酸的泥岩压实作用导致有机酸注入砂岩中，导致 Mg^{2+} 和 Fe^{2+} 的析出，形成特殊的胶结物（图 5-6），如铁方解石和铁白云石（王行信和周书欣，1992；谭先锋等，2010d）。另一方面，有机酸的注入导致砂岩中的长石的溶解和碳酸盐胶结物的溶解（图 5-6）（Meshri，1986；França et al.，2003；谭先锋等，2013b），这是济阳坳陷孔店组次生孔隙形成的原因之一。值得注意的是，有机酸流体注入砂岩的过程中，砂岩中自生的物质结构和物质成分对溶蚀的作用同样具有重要影响（谭先锋等，2013a），实际的研究中发现，砂岩中的黏土矿物和早期胶结物含量较高，有机酸进入之后流动不畅，对储层的改造并非很理想。

表 5-7　济阳坳陷 W46 井孔店组镜质体反射率

序号	井号	井段 1	层位	岩石名称	R_o/%	测点数	离差
1	W46	4112.5	孔店组	灰色泥岩	1.11	3	0.06
2	W46	4204.36	孔店组	灰色泥岩	1.21	9	0.06

序号	井号	井段 1	层位	岩石名称	R_o/%	测点数	离差
3	W46	4203	孔店组	灰色泥岩	1.21	11	0.06
4	W46	3788	孔店组	深灰色泥岩	0.96	4	0.04
5	W46	4205.05	孔店组	深灰色泥岩	1.25	13	0.05
6	W46	4112.5	孔店组	灰色泥岩	1.11	3	0.06
7	W46	4204.36	孔店组	灰色泥岩	1.21	9	0.06
8	W46	4203	孔店组	灰色泥岩	1.21	11	0.06
9	W46	3788	孔店组	深灰色泥岩	0.96	4	0.04
10	W46	4205.05	孔店组	深灰色泥岩	1.25	13	0.05

2.砂—泥混合岩的成岩作用系统

济阳坳陷古近系孔店组砂岩中含有大量的黏土矿物和方解石胶结物(谭先锋等，2015)，黏土矿物分布在石英和长石等颗粒之间(图 5-18)，起着胶结的作用，这种混合沉积的岩石中黏土矿物和碎屑颗粒之间存在着物质的再分配。前述砂泥互层的沉积体系中，存在流体的相互注入和流动，而在黏土矿物和碎屑颗粒混合沉积的岩石中，黏土矿物的压实排水、热演化和有机酸排放可以直接作用于碎屑颗粒之间(王行信和周书欣，1992)。通过对济阳坳陷孔店组岩石微观观察表明，存在以下两种情况。

(1)碎屑岩中黏土矿物含量较少，自生连通性较好，结构成熟度高。该类砂岩中黏土矿物的转化过程中的束缚水和结构水携带着大量的 Si^{4+}、Ca^{2+}、Fe^{2+} 等离子，在砂岩中发生自由流动，并在环境发生改变的时候形成相应的硅质胶结物、点状的铁方解石胶结物和方解石胶结物(谭先锋等，2013)，如图 5-18a 中黏土矿物呈条带状分布于砂岩中，同时发现了点状的铁方解石胶结物；图 5-18b 中的黏土矿物含量较少，砂岩中发现了点状的方解石胶结和少量石英次生加大，表 5-8 也显示，黏土杂基含量与增生石英含量呈负相关关系(表 5-8)。另外还发现黏土矿物的热演化促进了长石的溶解和交代，有机酸的自身流动也加快了长石和方解石的次生溶解，形成次生孔隙。

(2)碎屑岩中黏土矿物含量较高，自生连通性较差，结构成熟度低。该类砂岩自生为较封闭的成岩系统，高黏土杂基含量导致了早期黏土矿物的压实作用强烈、塑性流动较强烈，砂岩成岩早期容易发生颗粒的自我调整和重新排列，进而会导致砂岩中的部分颗粒的聚集和杂基的聚集，发生不均衡性的差异富集(图 5-18)。成岩中晚期，黏土矿物自生的转化和脱水、有机酸的排出，可以导致黏土杂基自生的转化，形成微晶状的石英晶体(王秀平等，2015)。表 5-8 中的黏土杂

表5-8　济阳坳陷 W46 井孔店组物质组成特征

样品号	深度/m	颜色	岩石类型	石英(Q)	长石(Fs)		岩屑(R)			泥质杂基(Matrix)	胶结物(Cement)			
					钾长石(Ksp)	斜长石(Pl)	岩浆岩(VRF)	变质岩(MRF)	沉积岩(SRF)		方解石(Calcite)	白云石(Dolomite)	硬石膏(Anhydrite)	增生石英(Hyperplasia quartz)
W46-8	3391.90	紫红色	细-极细粒岩屑长石砂岩	47.00	20.00	19.00	2.00	8.00	3.00	2.00	5.00		1.00	0.50
W46-7	3786.97	灰色	细-极细细粒岩屑长石砂岩	47.00	20.00	19.00	2.00	8.00	3.00	1.00	8.00		1.00	0.50
W46-6	3787.69	灰色	中粒岩屑长石砂岩	48.00	8.00	12.00	8.00	16.00	4.00	2.00	2.00		6.00	2.00
W46-5	3791.35	紫色	含灰质细粒长石砂岩	48.00	20.00	20.00	1.00	7.00	2.00	1.00	12.00			
W46-4	4404.20	灰色	含灰质长石岩屑砂岩	25.00	15.00	22.00	3.00	31.00	4.00	1.00	10.00	2.00		
W46-3	4404.40	灰色	含碳酸盐质岩屑长石砂岩	34.00	13.00	23.00	0.50	23.00	7.00		8.00	4.00		
W46-2	4406.80	棕红色	砾质中粒岩屑长石砂岩	34.00	14.00	26.00	2.00	20.00	4.00	1.00	6.00			
W100-34	1792.10	灰色	含泥质极细粒长石砂岩	55.00	16.00	15.00	2.00	10.00	2.00	26.00	4.00			
W100-17	2112.25	褐色	含灰质细粒岩屑长石砂岩	42.00	17.00	16.00	5.00	14.00	6.00	4.00	15.00			
W100-16	2112.50	褐色	灰质极细粒长石砂岩	44.00	18.00	17.00	4.00	14.00	3.00	1.00	25.00			
W100-13	2179.50	灰色	含泥质极细粒岩屑长石砂岩	45.00	18.00	17.00	4.00	13.00	3.00	12.00	6.00			
W100-12	2186.90	紫红色	泥质极细粒长石砂岩	47.00	18.00	15.00	5.00	10.00	5.00	28.00	2.00			
W100-11	2187.50	紫红色	含泥质细粒长石砂岩	43.00	18.00	15.00	5.00	13.00	6.00	18.00	6.00	4.00		

基含量与方解石胶结物多呈负相关关系，这可能与原始沉积环境和黏土矿物的转化有关(表 5-8)。图 5-18c 中大量黏土杂基的转化过程中形成了斑点状的石英晶体，可能与黏土矿物的水解和转化有关，黏土矿物的转化过程中伊蒙混层的转化导致了大量伊蒙混层的形成(图 5-18d)，并加速了长石的水云母化和溶解。由于流动性较差，整体溶蚀作用和石英次生加大现象并不发育，只存在少量的石英颗粒边缘的模糊的黏土胶结物的边缘增生。

图 5-18　济阳坳陷孔店组砂－泥混合岩微观成岩作用特征

(a)砂岩中的大量黏土矿物与铁方解石胶结物，WG10，2829.0m；(b)砂岩中泥质条带、石英次生加大和点状方解石胶结物，SK1，5955.4m；(c)砂岩中的黏土矿物的水解和转化，微晶石英颗粒和点状方解石胶结物，W112，1947.65m；(d)砂岩中黏土矿物的转化形成伊蒙混层，W46，3391.9m

第6章 陆相断陷盆地层序旋回对成岩演化的控制

6.1 陆相碎屑岩层序与成岩作用研究现状

随着层序地层学及旋回地层学和成岩系统研究的深入，研究者认识到两者在一定程度上有重要的联系。成岩演化发生在沉积物形成之后一直到表生阶段之前，目前的成岩面貌反映了岩石长期的变化过程，大量成岩现象是由于后期成岩流体的活动改造而形成，而层序旋回的形成主要发生在沉积物的形成时期或者是固结作用早期。那么，层序究竟是如何影响早期成岩作用的呢？以及对后期成岩演化造成了哪些影响呢？近年来，国内外不少学者对层序格架内的成岩作用进行过探讨（孙永传和李蕙生，1995，贾振远和蔡忠贤，1997；陆水潮等，1999；Morad et al.，2000；A1-Ramadan，2005；李熙喆等，2007；罗忠等，2007；邱桂强，2007；孙萍等，2009；谢武仁等，2008；田景春等，2008；谭先锋等，2010b），开始关注旋回变化过程中的成岩响应。起初主要对碳酸盐层序－成岩进行研究，碎屑岩的研究较少，特别是陆相碎屑岩的研究显得比较薄弱（孙永传和李蕙生，1995；贾振远和蔡忠贤，1997）。

国外学者 TUcker 曾在 1993 年发表了《碳酸盐成岩作用与层序地层学》一文，分析了成岩作用与层序发育过程中的关系。随后不少国内外学者也都认识到成岩作用与层序、体系域之间的确存在着复杂的关系。2002 年 Ketzer 等在 *Journal of Sedimentary Research* 发表了 *Distribution of diagenetic alterations in fluvial, deltatic and shallow marine sandstones with in sequence stratigraphic famework：evidence from the Mullagmh more Formation（Carbomciferous），NW Ireland*，详细分析了不同沉积体系、不同体系域下的成岩特征。最近，不少学者开始注意到这一重要的研究领域（陆水潮等，1999；Morad et al.，2000；A1-Ramadan，2005；李熙喆等，2007；罗忠等，2007；邱桂强，2007；孙萍等，2009；谢武仁等，2008；田景春等，2008；谭先锋，2010b）。中国地质大学陆永潮教授等（1999）分析研究了层序地层学在碎屑岩成岩作用中的应用。采用层序中体系域的沉积过程与成岩作用分析相结合的方法，以琼东南盆地崖 13-1 气田的单井剖面综合研究为基础，结合连井地震剖面的层序解释，以三级层序中储集体形成的背景环境和原生孔隙水化学性质—成岩环境为单元，系统分析了不同体系域沉积和成岩标志，探讨了沉积体系域构成与成岩作用的制约关系及其对砂岩储层储集性的影响。近年来，对于层序－成岩的研究越来越受到广大学者的重视。罗忠等(2007)以鄂尔多斯盆地延河露头上三叠统延河组为例，详细研究了层序界面对成岩作用的影响；李熙喆等(2007)详细研究了鄂尔多斯盆地上古生界层序格架内的成岩作用；邱桂强(2007)对东营凹陷古近系成岩－层序以及储层差异性进行了研究，详细探讨了层序界面以及体系域的成岩作用类型。总之，将成岩作用放在层序格架内进行研究越来越受到广大学者的重视。关于层序界面、体系域以及层序格架内的成岩作用研究、成岩演化研究和成岩相研究将成为今后成岩作用研究的一个新课题。层序地层学提出了建立盆地等时地层格架、确定盆地中沉积体系三维配置的理论与方法，而且大大推动了成岩场和成岩动力学的研究。成岩层序地层学则是在层序地层学和成岩地层学两者的基础上，紧密结合两者间的关系，在层序地层格架中研究成岩作用与成岩演化过程，预测储层的时空分布规律。这些研究成果都从不同程度揭示了层序发育与成岩作用的关系，阐述了不同体系域、层序界面附近的成岩现象以及储集性能的差异，对于层序旋回变化过程中成岩响应有一定的特征描述，缺乏对沉积发生机理和成岩演化系统进行研究，田景春等(2008)、谭先锋等(2010c)以沙河街组为例，探讨了箕状断陷湖盆陡坡带层序地层格架内成岩演化，详细讨论了各个层序旋回的成岩响应规律及对储层质量的影响，并发表专题论文探讨了层序旋回变化过程中对成岩体系的控制。

当前的研究表明，层序发育与成岩作用的存在一定关系，不同体系域、层序界面附近的成岩现象以及储集性能存在较大差异。但这些成果中，大多从层序界面、体系域的成岩现象和规律进行了阐述，层序对成岩演化的控制作用，特别是基准面变化对早期成岩演化的控制作用研究有待深入探讨。

6.2　层序地层格架内的成岩现象规律

大量研究表明，层序的不同部位以及层序界面附近的成岩现象具有一定的规律性。尽管后期的成岩演化掩盖了一些早期成岩现象特征，早期的成岩信息仍然部分被保留下来。通过对东营凹陷沙河街组，特别是沙四段地层的镜下鉴定，并结合层序的演化规律，发现层序的不同部位具有一定的成岩规律，这些成岩规律主要包括不同体系域内成岩现象和层序界面附近成岩现象的特征及差异。

6.2.1　层序界面附近成岩现象规律

层序界面附近具有特殊的成岩现象，这种特殊的成岩现象在碳酸盐岩地层中主要体现为溶蚀作用(孙永传和李蕙生，1995；贾振远和蔡忠贤，1997)，碎屑岩地层，除了具有溶蚀作用之外，还具有一些特殊的成岩现象，前人对碎屑岩层序界面附近的成岩现象进行了深入研究(李熙喆等，2007；罗忠等，2007；邱桂强，2007；孙萍等，2009；谢武仁等，2008；田景春等，2008；谭先锋等，2010)。罗忠等通过对鄂尔多斯盆地延长组研究表明，层序界面之下多发育浊沸石和方解石，层序界面之上多发育绿泥石等黏土矿物类；孙萍等对鄂尔多斯盆地延长组研究表明，层序界面之下主要发育浊沸石，层序界面之上主要发育方沸石。另外，碎屑岩层序界面之下的溶蚀现象也比较明显。

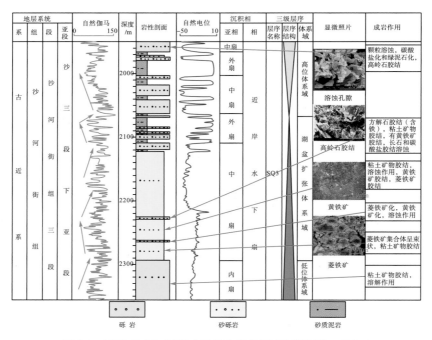

图 6-1　Y18 井 SQ₃ 层序成岩综合柱状图(据谭先锋，2010a)

通过对东营凹陷沙河街组大量镜下薄片和扫描电镜资料进行分析统计，对层序界面附近的成岩现象规律进行了研究。东营凹陷沙四段及沙三下—沙二下亚段发育沙四段底界面(T_7)、沙四段与沙三段分界(T_6')及沙二下亚段顶界(T_2')三个二级层序界面，是全凹陷范围的构造不整合面。此类界面附近发育淋滤、溶解成岩作用，以塑性组分溶蚀成岩作用为特征。从表 6-1，图 6-1 可以看出，二级构造层序界面之下主要成岩作用为碳酸盐胶结和淡水淋滤作用造成的溶蚀作用。多见黄铁矿胶结，水介质多呈还原性。层序界面之上由于湖盆水体的扩张，陆源碎屑物质的注入，黏土矿物增多，特别是在郑家庄地区和盐家地区的冲积扇中和近岸水下扇中，层序界面之上的沉积物有大量的泥质黏土充填(图 6-1)。因此，该级别的层序界面通常是流体运移的通道，影响界面上下低水位体系域和高水位体系域内储层的成岩相展布，从而制约其储集性能，控制主要油气储量分布。

表 6-1　东营凹陷层序界面附近典型成岩现象

井位	层序界面	成岩现象
L932	SSB2 界面之下	方解石胶结，白云石胶结，黄铁矿胶结，溶蚀作用
T826	SSB2 界面之下	溶蚀作用(孔隙连通较好)
T15	SSB3 界面之下	少量白云石胶结，高岭石胶结，溶蚀作用，绿泥石
B432	SSB2 界面之下	溶蚀作用，方解石胶结，白云石胶结，黄铁矿胶结
Y100	SSB3 界面之下	淋滤作用，泥质黏土矿物胶结
Y922	SSB2 界面之下	方解石胶结，白云石胶结为主，少量黄铁矿胶结和泥质胶结，泥质呈鳞片结构，见长石溶孔
Z370	SSB3 界面之上	泥质黏土矿物胶结，连通性较差

三级层序界面往往在湖盆边缘为不整合面，在湖盆内部为连续沉积界面(邱桂强，2007)。在凹陷内部，通过对东营凹陷陡坡带重点井位不同层序界面附近的成岩作用研究表明，不同界面之下发育铁碳酸盐胶结成岩作用和塑性组分溶蚀成岩作用。如图 6-3 为凹陷内部 S100 井层序顶界面成岩作用主要为塑性组分溶蚀作用，图 6-2 可以看出，SQ3 层序顶界面，即 SB2 层序界面之下，成岩作用为溶蚀作用和碳酸盐胶结和绿泥石化。表 3-1 显示，盆地边缘的 Z370 井 SQ6(馆陶组/沙一段)不整合界面之下，成岩作用有菱铁矿胶结和泥质胶结，淋滤作用比较明显导致孔隙联通性比较好。其中碳酸盐胶结和泥质胶结可以为该界面之下的地层不整合油气藏提供遮挡条件。层序界面之上一般发育碳酸盐胶结、石英次生加

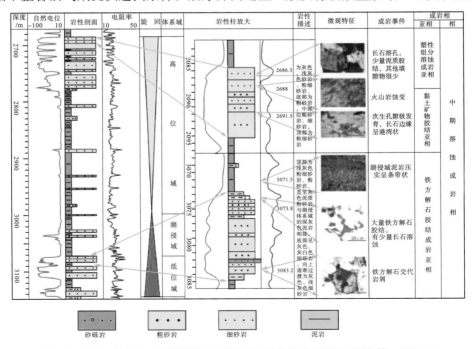

图 6-2　S100 井 SQ5 层序顶界面(SSB3)及低位域成岩特征(谭先锋，2010a)

大和黏土矿物胶结成岩作用。凹陷的边缘，界面之上沿上超尖灭带主要发育高岭石充填及石英次生加大成岩亚相，对构造坡折带而言，高岭石充填成岩亚相对提高断层的封闭性起着十分重要的作用。在湖盆内连续沉积的三级层序界面之上，上覆层序的低水位体系域储集层底部发育铁碳酸盐胶结成岩亚相(图6-3)。

综上所述，从凹陷边缘到盆内，尽管不同级别层序界面附近的成岩作用有所差别，但在盆内，界面均与溶蚀作用与铁碳酸盐的胶结有关，表明碳酸盐矿物在陆相断陷盆地沉积物胶结中具有重要地位，其分布方式也代表了成岩期化学胶结活动的基本形式。

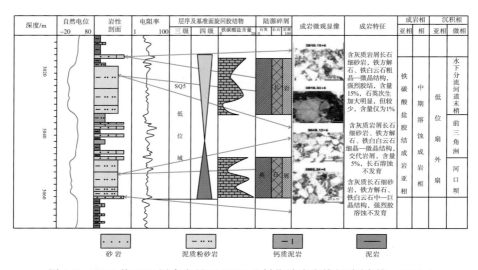

图6-3　F115井SQ5层序底界面(SB3)及低位域成岩特征(谭先锋，2010a)

6.2.2　体系域内成岩现象特征及差异

1. 低位体系域时期

低位体系域对应湖平面快速下降-慢降慢升阶段，该时期主要充填低位砂砾岩体和楔状体。湖平面下降表明湖盆水体相对浓缩，水介质偏碱性且盐度增高(即水体发生咸化作用)，故砂砾岩中高岭石相对的质量分数减少，而蒙脱石则相应增多(胡受权等，1999；纪有亮等，2004)。由于湖水的浓缩作用，该时期沉积物保留了原始的沉积特征。低位扇砂砾岩体以及楔状体等低位时期的沉积物保留了原始沉积特征。这些原始沉积流体对后期的成岩改造有重大影响。纪有亮等(2004)认为伊利石及伊利石+伊蒙混层+蒙脱石和高岭石+绿泥石却呈现规律性变化，能较好地反映一个陆相高分辨率层序地层单元旋回过程中湖盆水体的物理化学条件波动，因为这几种黏土矿物的大量出现与湖盆水介质的偏碱性及古盐度的相对偏高密切相关(纪有亮等，2004)。因此，早期基准面的变化引起了黏土矿物含量的变化，进而对后期的成岩改造造成一定的影响。

研究区沙河街组沉积时期低位体系域时期，湖盆范围比较窄，主要为盐湖环境。低位扇以及楔状体等沉积物受原始水介质的影响，岩石中保留了一些典型的胶结类型。如硬石膏胶结、早期微晶方解石胶结(图 6-4a)，黏土矿物胶结等(图 6-1)，菱铁矿胶结(图 6-1)，特别是沙四段早期，即 SQ1 层序低位沉积时期，湖盆水体盐度较高，容易形成硬石膏胶结和微晶方解石胶结(图 6-5)。对研究区低位时期的成岩现象研究表明了低位时期主要成岩类型有硬石膏胶结、微晶方解石胶结、黏土矿物胶结、菱铁矿胶结等(图 6-2、6-3、6-5)，一定意义上指示了低位时期的原始流体性质。

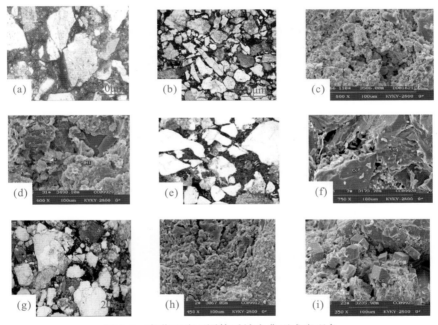

图 6-4　东营凹陷不同体系域内典型成岩现象

(a)SQ1 低位体系域时期，原始沉积微晶方解石胶结，FS1，4495m；(b)SQ2 低位体系域时期，黏土矿物胶结，Y922，2787m；(c)SQ1 低位体系域时期，伊利石和含铁方解石胶结，T166，3587.2m；(d)SQ1 低位体系域时期，伊利石和石盐晶体充填，T165，3498.1m；(e)SQ2 湖盆扩张体系域时期，铁碳酸盐胶结，Y921，2468.54m；(f)SQ2 湖盆扩张体系域时期，黏土矿物胶结和铁方解石胶结，T165，3173m；(g)SQ2 高位体系域时期，颗粒溶蚀现象明显，Y922，2768m；(h)SQ2 高位体系域时期，伊利石和白云石胶结，T165，3067m；(i)SQ1 高位体系域时期，伊利石胶结和含铁方解石胶结，T165，3235.9m

2.湖盆扩张体系域时期

湖盆扩张体系域对应湖平面快速上升阶段，分界面为初始湖泛面和最大湖泛面，由于湖盆扩张体系域沉积时期，大气淡水的大量注入，湖水盐度下降，总体偏酸性，高岭石含量增加。前人研究表明，海侵（湖侵）体系域，早期成岩作用主要以压实、自生矿物增生、胶结作用为主要特征。湖盆扩张体系域时期由于湖盆快速扩张，后期又受到高位体系域时期的还原环境的影响，沉积物形成之后尚未脱离水体，总体处于还原环境，早期成岩作用必然保留了一些特征性的矿物胶结。谢武仁等（2008）通过黏土矿物中高岭石、蒙脱石、伊利石的含量来判断层序的发育情况，黏土矿物成分变化一定程度上能反应水体的性质，但目前的成岩现象是经历了多次成岩流体的改造后的产物，其黏土矿物的种类及含量并不能说明层序发育的原始沉积时期的黏土矿物的含量。通过对研究区沙河街组三级层序湖盆扩张体系域时期薄片研究表明，三级层序湖盆扩张体系域存在一些层序发育时期的特征矿物。这些特征性矿物主要包括早期黄铁矿胶结、黏土矿物胶结（图6-1、6-6）、方解石胶结等，方解石胶结后期转化形成铁方解石或铁白云石胶结（图6-4e、f），这显然与湖盆扩张时期形成的方解石胶结有关。

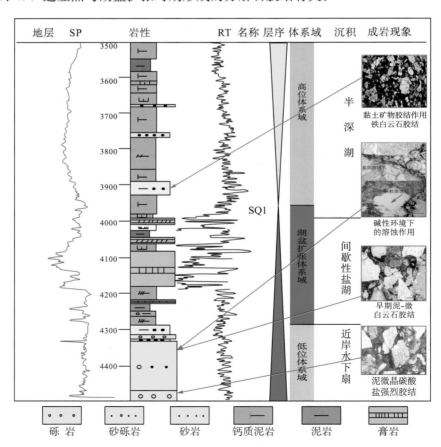

图 6-5　FS1 井层序成岩综合柱状图

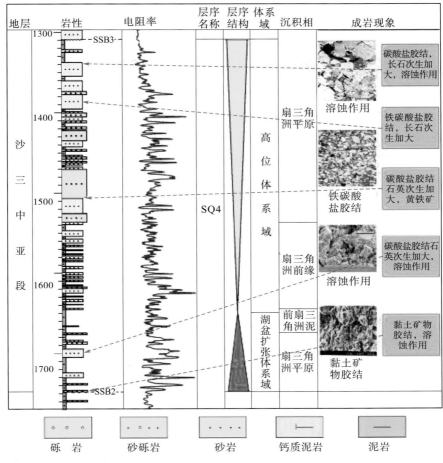

图 6-6　Y79 井层序成岩综合柱状图

3. 高位体系域

高位体系域时期处于层序演化的慢升慢降时期，该时期湖盆水体最为宽泛，淡水作用较强。总体来说缺乏盐度较高的矿物组合。但由于高位时期形成在沉积物，在下一个低位时期处于暴露状态。因而，容易形成一些具有典型特征的矿物组合。高位体系域前积体形成之后，水体快速下降，进入了低位体系域时期。高位时期形成的沉积物从盆地边缘到中央，可分为氧化带、氧化还原混合带和还原带，分别对应高位时期堆积的三角洲平原、三角洲前缘和前三角洲沉积。氧化带高位时期形成的进积复合体遭受暴露，加之东营凹陷沙四段时期为盐湖环境，蒸发作用的加强使高位时期形成的大量的钙质胶结以及少量泥-微晶灰岩遭受白云岩化。这与贾振远和蔡忠贤（1997）提出的高位时期容易遭受白云岩化是相符合的。通过对东营凹陷大量钻井资料研究表明，高位体系域广泛发育泥-微晶白云岩以及白云质砂岩等(图 6-4h、i)。这类白云岩化主要跟暴露时期的强烈蒸发作用形成的蒸发泵模式有关；除此之外，氧化带还发育氧化矿物，在薄片鉴定中发现一些具有氧化成因的矿物组合，如褐铁矿。由于氧化带高位时期形成的沉积物在低位时期处于暴露状态或者是水体变浅状态。因此，成岩早期的溶蚀作用比较明显，这些溶蚀作用主要表现为碳酸盐溶解以及不稳定碎屑组分的溶解(图 6-4g)，这中溶解现象在高位体系域，或是层序界面之下比较普遍。

还原带尚未脱离水体，高位时期形成的沉积物尚未强烈固结，低位体系域时期的上覆水体对高位时期形成的沉积物造成了强烈的影响。水介质条件对还原带上的高位沉积物进行了改造。从而在使还原带上的高位沉积物出现了少量硬石膏胶结和微晶方解石胶结，但这种胶结类型相比低位时期的充填物规模要小得多。

4. 层序格架内成岩构型及流体模式

层序的底界面由两部分组成，一部分为断层面，另一部分为地层单元之间的不整合面或整合面。断层面及上超点附近以高岭石充填成岩或者石英次生加大成岩作用为主，常发育石英次生加大、塑性组分溶蚀等成岩作用。在层序的顶底界面附近以含铁碳酸盐胶结为主，呈双壳式。由于陡坡带流体比较活跃，位于层序界面附近的成岩作用主要为铁碳酸盐胶结成岩、塑性组分溶蚀成岩、高岭石充填及石英次生加大成岩亚相(图 6-7)，其中，高岭石胶结成岩亚相对北部陡坡带断层的封闭性起到了良好的作用。

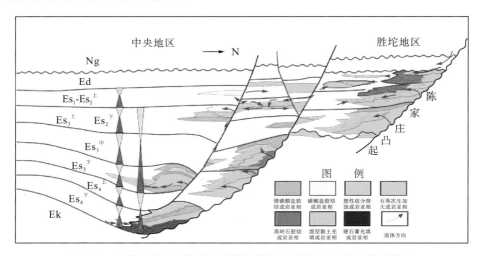

图 6-7　东营凹陷陡坡断裂坡折带层序地层格架内成岩相构型模式

Ng. 馆陶组；Ed. 东营组；Es_1. 沙河街组一段；$Es_2^{上}$. 沙河街组二段上亚段；$Es_2^{下}$. 沙河街组二段下亚段；$Es_3^{上}$. 沙河街组三段上亚段；$Es_3^{中}$. 沙河街组三段中亚段；$Es_3^{下}$. 沙河街组三段下亚段；$Es_4^{上}$. 沙河街组四段上亚段；$Es_4^{下}$. 沙河街组四段下亚段，Ek. 孔店组

6.3　沙河街组层序格架内成岩相特征

　　成岩相的概念近年来有不少学者进行表述，陈彦华等(1994)认为，成岩相是反映成岩环境的岩石学特征、地球化学特征和岩石物理特征的总和；它是反映各种成岩事件的相对强度、沉积岩成岩环境与成岩产物的综合表现。李晓清等认为，成岩相(简称DRF)是指影响储集性能的某种或某几种成岩作用综合效应及其分布的储集空间的组合。它是沉积岩在成岩过程中经过一系列的成岩演化后形成的目前面貌。本文采用邓宏文和钱凯(1993)等提出的定义，认为碎屑成岩相是不同成因砂体和沉积物，在不同成岩环境中，经过各种物理、化学和生物作用，包括温度、压力、水与岩石及有机、无机之间的综合反应形成，并具有一定的共生成岩矿物和组构特点的岩石类型组合。因此，成岩相是成岩环境和成岩产物的综合响应，反映了碎屑组分、成岩矿物组合、填隙物及其孔隙类型和结构在成岩演化过程所发生的所有变化，记录了沉积岩目前的成岩面貌。关于成岩相的划分，近年来，有不少学者发表过相关论文，对碎屑岩进行成岩相划分(窦伟坦，2005；宋成辉，2004；张庄，2006；陈彦华，1994)。目前没有一个统一的标注来进行成岩相划分，有的甚至直接把成岩事件定义成成岩相，有的结合了成岩阶段和成岩演化进行划分，笔者采用成岩演化结合的划分观点，先按照成岩演化进行成岩相划分，然后进行胶结方式进行成岩亚相划分，理论上讲，还应该按照成岩作用的具体方式划分成岩微相。考虑到研究的时间和资料的问题，本次研究只划分到了成岩亚相。

6.3.1　沙河街组层序地层划分

　　根据构造幕、气候二级旋回和物源供给因素导致的沉积基准面二级升降旋回而产生的不整合及其与之对应的界面，将东营凹陷沙河街组划分出两个二级层序。Es_4-$Es_2^下$沉积时期，北部陡坡带为深凹的槽谷，槽谷向北部盆缘方向为陡坡。构造运动、物源供给及气候的变化等原因，通过基准面升降的变化，控制着该时期形成的层序充填特征及水介质条件，从而制约着各层序的成岩演化，特别是控制着成岩早期的成岩流体性质。该时期主要形成 Es_4 和 Es_3-$Es_2^下$ 两个二级层序。本文主要研究对象为 Es_4 和 Es_3-$Es_2^下$ 两个二级层序以及 $Es_2^上$-Es_1 三级层序。自下而上可以分为 $Es_4^下$、$Es_4^上$、$Es_3^下$、$Es_3^中$、$Es_3^上$-$Es_2^下$、$Es_2^上$-Es_1 六个三级层序，为了研究方便，将其分别命名为 SQ1、SQ2、SQ3、SQ4、SQ5、SQ6(图6-8)。总体上讲，东营凹陷沙河街组层序发育完整，从 SQ1～SQ6 都有发育，不同的部位层序发育的结构不一样。层序充填为冲积扇－扇三角洲(三角洲)－近岸水下扇(滩坝)－近源浊积扇的充填模式。低位体系域主要发育了冲积扇、三角洲和滑塌浊积扇沉积，湖盆扩张体系域主要发育了扇三角洲近岸、水下扇砂体、三角洲前缘以及滨浅湖砂体，高位体系域主要发育近岸水下扇、三角洲和湖泊沉积体系。为了研究系统性，本书主要针对三级层序格架内成岩现象展开讨论。

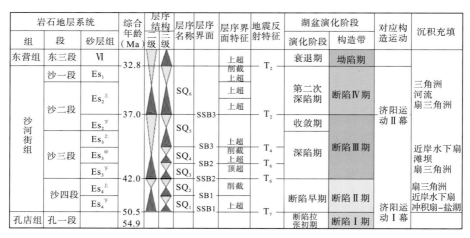

图 6-8　东营凹陷沙河街组层序－沉积综合柱状图

6.3.2　沙河街组成岩相划分

原始沉积成岩环境和成岩演化过程在地层中的记录即为成岩相，反映现今条件下经过一系列成岩作用后沉积物的面貌(陈春强，2006)。由于成岩相是表征现今条件下的成岩演化状态，因此，需要考虑成岩演化的各种因素，比如构造因素和层序发育的气候因素，对于东营凹陷北部陡坡带这样的拉张型的断陷盆地来讲，断裂作用减缓了成岩演化的进程，并且成岩流体活跃也对后期的成岩作用起到了重要的作用；除此之外，由于陡坡带的内带和外带的后期埋藏深度有所差异，导致成岩演化有很大差别，也是导致成岩相划分的因素。同时，由于层序形成过程中原始水介质条件、原始组分的差异，不同层序在不同成岩演化阶段、成岩环境中所产生、形成的不同成岩作用类型及各种自生矿物往往与层序中一定的位置相联系，并且与成岩阶段有关。

成岩亚相实际上代表了若干种成岩作用组合中最发育的一种，该成岩作用对储层影响的占绝对优势。理论上讲，成岩亚相应该是在成岩相划分的基础上进行的，也代表了成岩演化的阶段性。根据具体成岩事件的不同，又可以细分为不同的成岩微相，例如塑性组分溶蚀成岩亚相又可以分为长石溶蚀成岩微相、碳酸盐溶蚀微相等，但作为层序格架内成岩作用研究，其尺度较大，所以，本次研究仅划分到成岩亚相。根据成岩阶段、成岩作用的类型及镜下成岩矿物的类型、形成顺序、溶蚀作用的强弱、黏土杂基的类型和含量以及各个层序发育时期成岩演化阶段划分的基础上，将东营凹陷沙河街组划分为早期弱压实、早期弱胶结、中期溶蚀、中期再胶结及紧密压实裂隙发育五种成岩相。进一步可细分为塑性组分溶蚀、方解石胶结、（含）铁碳酸盐胶结、石英次生加大、高岭石充填、混层黏土充填、沥青质充填及硬石膏胶结八种成岩亚相（图 6-9）。为了更好地表征与层序演化相关的现今条件下的成岩演化状态，在层序底层研究的基础上，本次详细研究了 SQ2～SQ5 层序－成岩相平面展布图（田景春等，2008）。

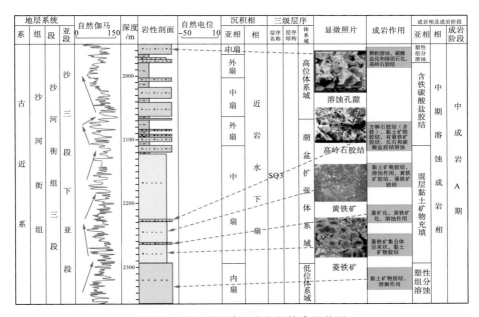

图 6-9　Y18 井层序－成岩相综合柱状图

6.3.3　层序地层格架内成岩相平面展布

1. SQ2 层序（$Es_4^{\pm}$）

该时期北部陡坡带气候开始变潮湿，水体开始上升，发育多种类型的扇体。五种成岩相类型均存在，如图 6-10 所示，中央地带少部分地区成岩相类型为紧密压实成岩相，为中成岩 B 期—晚成岩期，平面上，成岩相具有明显的分带性。即越靠近湖盆中央的地方成岩演化强烈，成岩相类型为中期再胶结和中期溶蚀成岩相，越靠近边缘的地方，由于地层埋深比较浅，而且受到后期拉张断裂活动的影响，热量散失，也延缓了成岩演化的进程，因此就主要以早期弱胶结和早期弱压实作用为主。成岩亚相类型主要以石英次生加大及塑性组分溶蚀成岩亚相为主，在靠近利津洼陷和民丰洼陷的扇三角洲前缘或者水下扇的前缘远端发育碳酸盐胶结成岩亚相。沿断裂，可发育沥青质胶结成岩亚相，靠近中央隆起的地方则发育硬石膏充填成岩亚相。

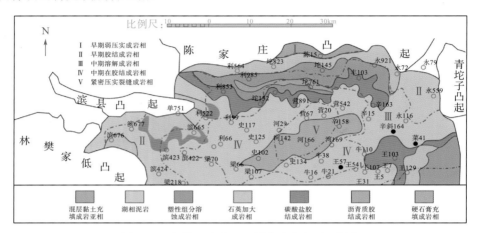

图 6-10　东营凹陷沙四上层序成岩相平面展布

2. SQ3 层序（Es_3^T）

由于湖水持续变深，该层序时期，北部则发育陡坡型断裂坡折型的各类扇体，如近岸水下扇、扇三角洲、浊积扇等，从而发育了不同的成岩相组合类型。总体上讲，该时期基本上没有紧密压实成岩相，即成岩演化基本上都停留在中成岩 B 期的前期，没有进入晚成岩期。中央地区，以中期再胶结成岩相为主，边缘地区以中期溶蚀和早期弱胶结成岩相为主。成岩相平面分带性明显。成岩亚相从北向南，呈三分，依次为石英次生加大、塑性组分溶蚀及铁碳酸盐胶结成岩亚相，形态表现为指状-裙边状，其中塑性组分溶蚀亚相较宽，对改善陡坡带粗粒沉积的物性起着关键性作用。中央隆起带分布孤立的条带状硬石膏胶结成岩亚相，与沙四上层序相比，分布范围大幅缩小。整体来看，SQ3 层序的成岩特征继承了 SQ2 层序的部分特点（图 6-11）。

3. SQ4 层序（$Es_3^{中}$）

该层序发育时期，东营凹陷处于水体最深的时期，物源供给充分，特别是东部的东营三角洲的发育，靠近边缘的地方混层黏土矿物开始发育。总体上讲北部陡坡带发育有四种主要的成岩相类型，其中，中央的中期再胶结成岩相类型范围逐步缩小，边缘的早期弱压实成岩相和早期弱胶结成岩相范围扩大。北部仍以陡坡断裂坡折型为主，成岩亚相由北向南主要发育高岭石胶结亚相、石英次生加大亚相和塑性组分溶蚀亚相和铁碳酸盐亚相。特征与沙三下层序的类似，但分布范围大幅缩小,并且盆缘处高岭石充填成岩亚相分布范围有所扩大,表明酸性环境对其影响增大(图 6-12)。

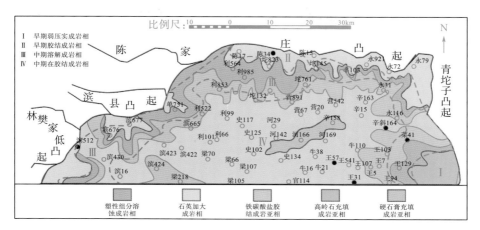

图 6-11　东营凹陷沙三下层序成岩相平面展布

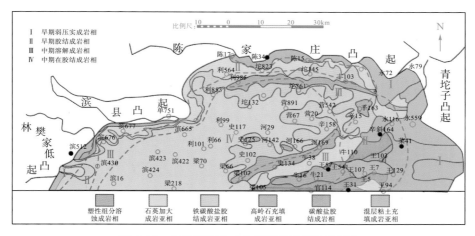

图 6-12　东营凹陷沙三中层序成岩相平面展布

　　需要特别指出的是,东南部为东营三角洲沉积,几个发育的沉积坡折型层序成岩相构型在本层序中占绝对优势,几乎发育全部类型的成岩亚相,总体上在三角洲平原以高岭石充填及混层黏土充填成岩亚相为主,前者发育于平原的河道中,后者分布于沼泽及洼地;三角洲前缘主体以塑性组分溶蚀及石英次生加大成岩亚相为主,前者的展布受控于同生断裂的分布;铁碳酸盐胶结成岩亚相则在三角洲前缘远端及前三角洲的部分占据统治地位。

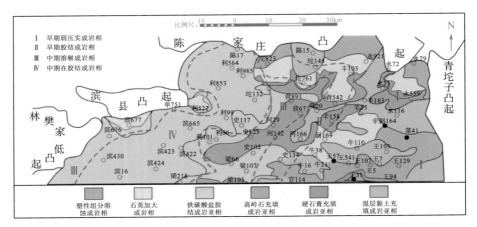

图 6-13　东营凹陷 SQ5 层序上升半旋回成岩相平面展布

4. SQ5 层序（$Es_3^{上}-Es_2^{下}$）

该时期由于湖水开始下降，东南部的东营三角洲不断扩大，其中上升半旋回主要发育四种成岩相类型，陡坡带大部分地区处于早期胶结和早期弱压实成岩相（图 6-13）。下降半旋回由于水体进一步变浅，成岩相类型主要有三种，即成岩阶段演化为中成岩 A 期为主，大部分地区处于中早成岩 B 期和 A 期（图 6-14）。成岩亚相类型在三角洲前缘远端碳酸盐胶结成岩亚相取代铁碳酸盐成岩亚相。三角洲平原的沼泽及洼地发育混层黏土充填成岩亚相，河道则以高岭石充填为主。石英次生加大及塑性组分溶蚀成岩亚相分布于水下分流河道，在间湾处则发育碳酸盐胶结成岩亚相。

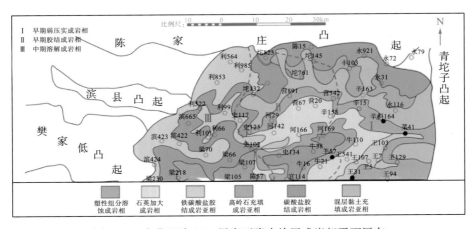

图 6-14　东营凹陷 SQ5 层序下降半旋回成岩相平面展布

6.4　层序发育过程中的元素富集规律

层序发育的不同时期，成岩作用类型呈现不同的特征，这与层序发育过程水介质中元素的迁移和富集规律有着必然的联系。前人研究表明(胡受权等，1998，1999；纪友亮等，2004)，不同体系域及层序界面附近地球化学特征有一定差异。事实上，仅仅对层序不同部位进行成岩作用规律性总结是不够的。纵观目前对层序发育及成岩作用关系的相关研究成果，大部分都集中对每个层序部位发育何种成岩作用进行定性的总结和描述，这是不够全面的。原因在于尽管层序发育过程中成岩作用类型有所差异，但是成岩演化过程中多期次成岩流体的侵入，使得后期的成岩现象更加复杂。因此，不能仅仅依据某种成岩现象去断定某种层序部位就发育某种特征矿成岩作用类型。那么，层序与成岩的关系究竟如何呢？前人研究表明(陆水潮等，1999)，层序对成岩演化的控制作用主要体现在早期成岩作用，进而影响了后期的成岩演化。早期成岩作用势必跟早期水介质条件有关，沉积物没有完全固结之前，水介质中元素的富集条件必然影响早期成岩作用。综上，要深入研究层序发育过程中成岩作用的规律，必然要研究原始沉积条件下水介质的性质及元素富集规律。

6.4.1　水介质演化规律

沙四段－沙二段为东营凹陷古近系构造层序主旋回发育时期(陈中红，2008a)。前人研究表明(陈中红等，2008a，2008b；查明和陈中红，2008)，SQ1层序发育时期主要为盐湖沉积环境，水体性质主要为 $CaCl_2$ 和 $NaHCO_3$ 水型，沉积一套盐岩和膏盐层，湖湘碳酸盐和碳酸盐胶结作用比较发育；SQ2 层序发育时期，水体性质主要为 $CaCl_2$ 和 $NaHCO_3$ 含量降低，地层水活动比较微弱，处于封闭状态；SQ3 层序发育时期，水体性质受水体扩张的影响，主要为 $CaCl_2$，$NaHCO_3$，其次为 Na_2SO_4 和 $MgCl_2$；SQ4 层序发育时期，该时期水体性质 $CaCl_2$ 下降，$NaHCO_3$ 上升；SQ5 层序发育时期，$CaCl_2$ 升高，$NaHCO_3$ 降低。总体上可以看出，水体性质呈现旋回变化，决定了早期胶结作用的类型。对于一个完整的层序旋回来讲，基准面旋回的变化会引起黏土矿物含量、碳酸盐胶结、铁质胶结的变化。如砂岩中黏土矿物的种类和质量分数受到水介质的酸碱性和盐度影响，酸性水介质条件下形成高岭石，碱性水介质条件下形成蒙脱石。湖平面上升，湖盆水体冲淡，水介质偏酸性，高岭石大量生成；湖平面下降，湖盆水体浓缩，水介质偏碱性，蒙脱石为主要的黏土矿物类型；早期形成的黏土矿物经过后期的成岩演化成不同的黏土矿物类型。

6.4.2　层序发育过程中无机元素响应

地壳中元素的迁移富集规律，一方面取决于元素本身的物理化学性质，另一方面又受地质环境的影响（纪友亮等，2004），无机元素及某些元素比值可以有效地反映和湖盆水体深浅、水体盐度以及古气候等诸多沉积环境信息（陈中红，2008b）。因此，在不同级别的层序地层单元的基准面旋回过程中，沉积物中化学元素变化与湖平面变化有一定的响应关系（纪友亮等，2004）。水体介质无机元素的变化会引起元素在砂砾岩体中富集规律性变化，从而引起砂砾岩体沉积物的基质成分的变化。Sr/Ba、Sr/Ca 的变化指示了湖盆水体的盐度变化，从表 6-2 来看，SQ 层序低位时期 Sr/Ba 较小、Sr/Ca 较高，指示了浓缩的盐湖环境；湖盆扩张体系域时期沉积的砂岩，主要位于湖盆水体中，Sr/Ba 大于 1，Sr/Ca 比值较小，表明了总体处于淡水和盐湖过渡的沉积环境；高位时期 Sr/Ba 和 Sr/Ca 较大，指示了层序旋回上部水体盐度回升的变化。Fe/Mn 的变化对水体的变化具有良好的指示作用，比值越大说明水体越浅，比值越小，水体越深，表 6-2 显示，低位时期 Fe/Mn 较大，反映了水体较浅的环境，湖盆扩张时期，Fe/Mn 具有逐渐变小的趋势，显示了湖盆水体变深的趋势，高位体系域时期，Fe/Mn 总体较小，显示了水体较深的环境下沉积而形成。表 6-2 还显示了由于元素富集而形成的胶结物类型，如高 Sr 含量的元素水体性质会形成天青石胶结，高 Ba 含量的水体性质形成重晶石的典型胶结物。

总之，层序发育过程中，水体性质的变化引起了早期成岩胶结物的变化，从而造成了成岩现象的差异性。这种差异性主要体现在两个方面：①湖盆水体的变化过程中，受陆源物质的影响，水体性质会发生变化，这种变化会引起充填在体系域中的沉积物胶结物元素富集的变化，从而引起后期的成岩改造的变化。如低位盐湖环境下，由于盐度较高，Ca^{2+} 富集，容易在碎屑岩中形成硬石膏胶结和早期微晶碳酸盐胶结；②水体性质的变化同样会引起原有沉积物的变化，如碱性盐湖环境下，原有沉积物容易发生物质成分的改变，造成早期成岩作用的变化，如容易造成早期石英的溶解现象。

6.5　层序对成岩演化的控制作用讨论

层序发育对成岩作用及其储层有一定的控制作用。在前人研究的基础上，结合对东营凹陷沙河街组层序与成岩作用研究，总结了几点关于层序对成岩演化的控制因素。层序对成岩演化的控制作用主要体现在三个方面：①层序发育和充填控制原始成岩组分及早期成岩流体。构造、湖平面升降和沉积物补给等各种动力

表 6-2　东营凹陷 T166 井 SQl 不同体系域成岩与地球化学特征

体系域	井深/m	岩石类型	组分含量/%			白云石胶结物	黄铁矿	特殊胶结物	地球化学指标			
			Q	F	R				Sr/Ba	Sr/Ca	Fe/Mn	V/Ni
SQ1 高位体系域	3379.58	含白云质岩屑长石砂岩	35	33	23	20			1.274971623	43.57904947	0.003462749	1.336326225
	3380.30	含白云质岩屑长石砂岩	38	37	23	10			1.359820322	89.21747967	0.004390116	1.56365696
	3380.60	含白云质岩屑长石砂岩	38	39	21.5	18			2.93657689	105.7351408	0.00494227	1.27418766
	3380.90	含白云质岩屑长石砂岩	38	39	21.5	18			0.783301618	38.46962617	0.004619313	2.127249357
	3381.60	岩屑长石砂岩	40	37	21.5	5	5		0.570638704	58.57142857	0.00936591	1.679083095
	3382.60	含白云质岩屑长石砂岩	40	40	15	15	0.5		2.29914667	55.16550523	0.004603774	1.576045627
	3384.02	白云质粉砂岩				45	0.5	重晶石	1.343625937	98.8961039	0.011346154	1.336350471
	3384.60	含白云质岩屑长石砂岩	40	39	20	10			7.295217152	187.9603399	0.004272287	1.41300578
	3385.50	岩屑长石砂岩	40	40	18	8	5		0.865724382	59.5623987	0.006497431	1.807665011
	3386.13	岩屑长石砂岩	38	37	23	8	0.5		1.220647773	84.92957746	0.003770567	1.521384929
	3386.32	含白云质岩屑长石砂岩	40	30	25	10			0.748901002	57.0142557	0.005125061	1.575462185
	3387.90	含白云质岩屑长石砂岩	40	37	21.5	10	3		0.787220971	55.30935252	0.00486631	2.18864598
	3388.23	岩屑长石砂岩	35	35	29	5	5		3.59312135	129.976258	0.013494968	1.491760905
	3388.53	岩屑长石砂岩	38	33	26	5	5		4.333260822	90.95890411	0.011127013	1.477453581
SQ1 湖盆扩张体系域	3461.30	含白云质中细砾岩				20		硬石膏	0.855137712	31.53320313	0.005950783	1.037591101
	3462.00	含白云质岩屑长石砂岩	42	40	18.5	20	2	硬石膏	0.744378392	38.29787234	0.007566638	1.529881657
	3462.80	砾质长石岩屑砂岩	30	30	40.5	5	4	硬石膏	1.015355086	61.20661157	0.007210488	1.293627655
	3463.80	含白云质岩屑长石砂岩	30	30	40	10	2	硬石膏	1.238787375	72.93398533	0.017121588	1.279642502
	3464.80	砾岩							0.162428276	160.8409091	0.024970273	0.451995682
SQ1 低位体系域	3586.00	含白云质砾岩				15		硬石膏	0.309242695	130.3015075	0.008155196	0.874393531
	3587.20	长石岩屑砂岩	20	36	44	1	0.5	硬石膏	0.322251773	114.1884817	0.014274062	1.84544096
	3588.30	含白云质岩屑长石砂岩	20	40	40	10	0.5	硬石膏	0.860885609	103.2300885	0.022559524	1.15063681

学因素所控制的相对湖平面变化，不仅造成层序内部沉积体系域发生有序的变化，而且使其沉积介质或原生孔隙水（主要包括 pH、Eh 和含盐度）也产生相应的变化。而沉积介质或原生孔隙水的 pH、Eh 和含盐度对同生期和早期成岩作用具有直接的控制作用；②层序对晚期成岩演化的控制作用，早期在层序格架内形成的特殊成岩组分，在受到晚期的改造之后，保留了特定的演化特征，这些特征成岩现象一定程度上揭示了层序对成岩演化的控制作用；③层序界面的成岩信息，层序界面对层序界面之下储层的后期成岩作用也有着重要的影响，特别是沿着层序界面发育的溶蚀作用具有重要的意义。

6.5.1　层序对沉积组分的控制

　　沉积相及微相对成岩演化的控制作用已经得到广大学者的认可，不少学者就沉积微相对成岩作用的控制作用进行过研究。层序发育直接控制了沉积充填及原始沉积组分，原始沉积组分对后期成岩作用有着重要的控制作用。层序发育过程中由于湖平面的升降变化，导致了沉积作用过程和沉积充填差异很大，进而决定了沉积原始组分。东营凹陷沙河街组 SQ1～SQ6 总体上讲为浅－深－浅的变化过程，每个完整的三级层序发育过程中，低位体系域发育冲积扇－盐湖沉积环境，湖盆扩张体系主要发育扇三角洲－半咸水湖泊的沉积环境，高位体系主要发育三角洲、扇三角洲－淡水湖泊的沉积环境。每种沉积充填，由于受沉积物源和气候的影响，沉积组分存在较大差异。如表 6-3 所示，高位体系域时期，主要以长石砂岩和岩屑长石砂岩为主，泥质杂基含量较高，胶结物主要为方解石胶结、白云石胶结；低位时期主要以岩屑砂岩为主，泥质杂基含量较低，胶结物类型主要为硬石膏胶结、黄铁矿胶结。这种差异造成了后期成岩改造存在较大差异。表 6-3 还显示了不同地区由于沉积分带作用，沉积物空间配置存在较大的差异，沉积组分存在较大差异。

6.5.2　层序发育对早期成岩的控制

　　通过对东营凹陷沙河街组层序格架内的成岩现象研究表明，低位体系域时期，特别是盐湖发育时期，对层序具有响应的成岩现象类型为微晶方解石胶结、硬石膏胶结和黄铁矿胶结；湖盆扩张体系域时期，对层序具有响应的成岩现象类型为铁碳酸盐胶结、黏土矿物胶结；高位体系域时期，对层序具有响应的成岩现象类型为白云石胶结、溶蚀作用、黏土矿物胶结作用（多以高岭石为主）（图 6-15）。众所周知，沉积物的成岩过程经历了后期多期次成岩流体的改造，从而掩盖了部分早期成岩作用特征。即便如此，现今的成岩面貌仍然保留了部分早期成岩信息。这些早期成岩

（第6章　陆相断陷盆地层序旋回对成岩演化的控制　111）

表 6-3　东营凹陷沙河街组层序格架内成岩组分特征

层序	体系域	井号	井深/m	岩石类型	组分含量/%				填隙物/%			
					Q	F	R	泥质杂基	方解石胶结物	白云石胶结物	黄铁矿	其他胶结物
SQ2	高位体系域	B656	3083.00	含泥质极细粒长石砂岩	47	32	21	10	4	4		
		B656	3085.80	含泥质极细-细粒长石砂岩	46	30	24	10	3	4		
		B656	3088.70	含灰质极细粒长石砂岩	44	33	23		1	1	0.5	
		B656	3091.40	含灰质极细粒长石砂岩	43	33	24	8	1	1	0.5	
SQ2	高位体系域	L.934	2815.10	含白云质含泥质极细粒长石砂岩	55	30	15	12		12	1	
		L.934	2817.10	白云质粉砂岩		0	0	8		30		
		L.934	2820.60	泥质极细粒长石砂岩	60	30	10	25		6	0.5	
SQ2	高位体系域	T165	3067.05	含灰质中粒岩屑长石砂岩	28	50	22.5	2	13	1		
		T165	3068.20	含灰质中粒岩屑长石砂岩	29	51	20.5	5	20	3		
SQ1	低位体系域	T166	3587.20	含砾不等粒长石岩屑砂岩	20	36	44	3	1	1	0.5	硬石膏
		T166	3588.30	含白云质含砾不等粒长石岩屑砂岩	20	40	40	8		10	0.5	硬石膏
SQ3	低位体系域	T160	2469.5	含泥质不等粒长石岩屑砂岩	25	25	50	19	1	8		

信息为层序格架内的成岩演化研究、早期成岩流体性质、成岩层序研究提供了有力的证据。层序演化以及体系域充填结构反映了湖盆水体的变化过程，控制着湖盆的水介质条件，进而控制了早期成岩作用的类型与特征。

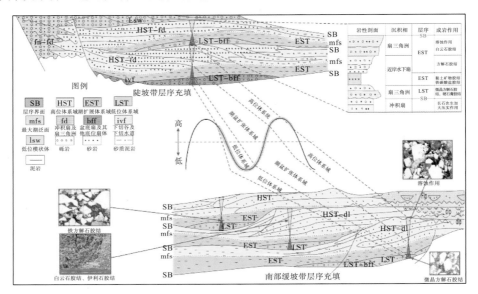

图 6-15　东营凹陷沙河街组层序充填与成岩综合模式

　　东营凹陷为一断陷湖盆，层序充填结构具有典型箕状断陷结构，层序的充填过程对早期成岩作用有着重要的影响（图 6-15）。层序对早期成岩作用的影响主要包括三个方面的含义：①层序的发育，对湖盆水体变化有着重要的控制作用。通过影响水介质条件、控制早期元素的富集状态，进而控制了早期沉积物的杂基和胶结物的性质。②水介质的变化，对早期形成的半固结沉积物也有重要影响，通过与半固结岩石进行流-岩反应，从而产生新的成岩作用类型。如东营凹陷沙四段早成岩期形成的石英溶解现象，为碱性流体的侵入溶蚀而形成。③早期的形成的原始杂基和胶结物，在漫长的成岩演化过程中，受到后期多期次流体的改造，形成新的成岩现象。如早期方解石胶结，后期受到含 Fe^{2+} 流体的侵入作用，而发生流-岩反应，形成铁方解石胶结，这种现象在东营凹陷沙河街组地层中比较普遍。

6.5.3　层序界面对成岩作用的控制

　　层序界面代表了短暂的沉积间断，包含了丰富的地质信息，对晚期成岩演化有着重要的控制作用。层序界面对层序的控制作用主要体现在三个方面：①层序发育期，层序界面的形成为快速湖退下一个湖平面扩张之前（图 6-15），在这个时期，广大的区域都处于暴露状态，处于干旱炎热的环境，河流的回春作用比较明显，导致了上一个高位时期形成的沉积物遭受了冲刷作用和淡水的淋滤作用，从而控制了早期的溶蚀作用。研究区沙河街组早期碳酸盐岩胶结的溶蚀作用主要发生在该时期。②层序界面之下的高位体系域沉积，由于沉积物形成之后发生了沉积间断，导致了高位时期的压实作用比较弱，产生了层序界面上下压实作用的差异(图 6-16)。③成岩演化期，层序界面作为流体的通道，对层序界面的成岩改造起到了很好的通道作用，一些酸性流体或碱性流体沿着层序界面流动，对层序界面附近的岩石矿物造成了溶解。研究区层序界面的长石溶解和岩屑溶解属于这样一种溶蚀作用所造成。

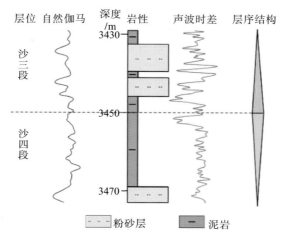

图 6-16　层序界面上下压实作用不同而导致声波时差响

参 考 文 献

操应长，姜在兴，夏斌，等.2003.利用测井资料识别层序地层界面的几种方法[J].中国石油大学学报，27
　　(2)：23—26.

操应长，王健，高永进，等.2011.济阳坳陷东营凹陷古近系红层−膏盐层沉积特征及模式[J].古地理学报，
　　13：375—386.

操应长，远光辉，王艳忠，等.2012.准噶尔盆地北三台地区清水河组低渗透储层成因机制[J].石油学报，
　　33(5)：758—771.

曹烈.2010.致密砂岩天然气成藏动力学研究——以川西坳陷上三叠统须家河组为例[D].成都：成都理工
　　大学.

查明，陈中红.2008.山东东营凹陷前古近系水化学场、水动力场与油气成藏[J].现代地质，22(4)：567
　　—575.

常华进，储雪蕾，冯连君，等.2009.氧化还原敏感微量元素对古海洋沉积环境的指示意义[J].地质论评，
　　55：91—99.

陈春强.2006.东营凹陷古近系层序格架内储层成岩作用研究[D].北京：中国地质大学(北京).

陈躲.2014."非常规"革命将席卷全球——访能源专家、普利策奖得主丹尼尔·耶金[J].中国石油石化，
　　1：30—31.

陈桂菊.2007.川西地区上三叠统油气储层控制因素及评价研究[D].北京：中国地质大学.

陈留勤.2008.从准层序到米级旋回−层序地层学与旋回地层学相互交融的纽带[J].地层学杂志，32(4)：
　　447—454.

陈鑫，钟建华，袁静，等.2009.渤南洼陷深层碎屑岩储集层中的黏土矿物特征及油气意义[J].石油学报，
　　30(2)：201—207.

陈彦华，刘莺.1994.成岩相——储集体预测的新途径[J].石油实验地质，34(3)：39—47.

陈中红，查明，刘太勋.2008a.东营凹陷古近系古湖盆演化与水化学场响应[J].湖泊科学，20(6)：707
　　—714.

陈中红，查明，金强.2008b.东营凹陷古近系深层湖盆演化中的无机元素响应[J].沉积学报，26(6)：925
　　—932.

陈祚伶，丁仲礼.2011.古新世−始新世极热事件研究进展[J].第四纪研究，31：937—950.

程日辉，王国栋，王璞珺.2008.松辽盆地白垩系泉三段−嫩二段沉积旋回与米兰科维奇周期[J].地质学报，
　　82(1)：55—63.

戴朝成，郑荣才，朱如凯，等.2011.四川前陆盆地中西部须家河组成岩作用与成岩相[J].成都理工大学学
　　报(自然科学版)，38(2)：211—219.

戴俊生，陆克政，漆家福，等.1998.渤海湾盆地早第三纪构造样式的演化[J].石油学报，19(4)：16—20.

邓宏文，钱凯.1993.沉积地球化学与环境分析[M].兰州：甘肃科学技术出版社.

董春梅，林承焰.1997.重力流沉积的机械分异作用[J].中国石油大学学报，21：9—10.

董清水，崔宝琛，李想，等.1997.陆相层序地层划分及岩芯、测井高分辨率层序地层界面判识[J].石油实
　　验地质，19(2)：121—126.

窦伟坦.2005.鄂尔多斯盆地三叠系延长组沉积体系、储层特征及油藏成藏条件研究[D].成都：成都理工大学.

冯有良，周海民，任建业，等.2010.渤海湾盆地东部古近系层序地层及其对构造活动的响应[J].中国科学D辑：地球科学，40(10)：1356−1376.

付文钊，余继峰，杨锋杰，等.2013.测井记录中米氏旋回信息提取及其沉积学意义——以济阳坳陷区为例[J].中国矿业大学学报，42(6)：1025−1032.

高红灿，肖斌，郑荣才，等.2015.白音查干凹陷下白垩统腾格尔组砾质滩坝沉积特征[J].石油与天然气地质，36(4)：612−620.

高丽华，韩作振，韩豫，等.2014.断层对砂岩胶结物和砂岩物性变化的控制作用——以惠民凹陷临南洼陷夏503井断层为例[J].中国科学D辑：地球科学，44(3)：445−456.

苟广秀，吴绍英.2014.深部储层三维地应力场反演[J].地质灾害与环境保护，253(1)：102−104.

关文均，郭新江，智慧文.2007.四川盆地新场气田须家河组二段储层评价[J].矿物岩石，27(4)：98−103.

郭迎春，庞雄奇，陈冬霞，等.2012.川西坳陷中段须二段致密砂岩储层致密化与相对优质储层发育机制[J].吉林大学学报(地球科学版)，24(2)：21−32.

胡受权，颜其彬，张永贵.1999.陆相层序界面的岩石地球化学标志探讨——以泌阳断陷双河−赵凹地区下第三系核三上段为例[J].石油学报，20(1)：24−29.

胡受权，张永贵，颜其彬.1998.泌阳断陷下第三系核三段上段陆相层序个体系域岩石地球化学旋回性特征[J].地质地球化学，26(2)：45−52.

胡元现，Chan M，Bharatha S，等.2004.西加拿大盆地油砂储层中的泥夹层特征[J].地球科学：中国地质大学学报，29(5)：550−554.

黄可可.2010.川西新场地区须家河组砂岩全岩化学组成的成岩意义[D].成都：成都理工大学.

黄思静，黄可可，冯文立，等.2009.成岩过程中长石、高岭石、伊利石之间的物质交换与次生孔隙的形成：来自鄂尔多斯盆地上古生界和川西凹陷三叠系须家河组的研究[J].地球化学，38(5)：498−506.

黄思静，黄培培，王庆东，等.2007.胶结作用在深埋藏砂岩孔隙保存中的意义[J].岩性油气藏，19(3)：7−13.

黄思静，刘洁，沈立成，等.2001.碎屑岩成岩过程中浊沸石形成条件的热力学解释[J].地质论评，47(3)：301−308.

纪友亮，胡光明，张善文，等.2004.沉积层序界面研究中的矿物及地球化学方法[J].同济大学学报，32(4)：455−460.

贾振远，蔡忠贤.1997.成岩地层学与层序地层学[J].地球科学，22(5)：538−543.

解习农，李思田.1996.断裂带流体作用及动力学模型[J].地学前缘，(3)：145−151.

黎华继，冉旭，廖开贵，等.2011.新场须二气藏储层储集性影响因素探讨[J].重庆科技学院学报(自然科学版)，133(6)：37−40.

李安夏，王冠民，庞小军，等.2010.间歇性波浪条件下湖相滩坝砂的结构特征——以东营凹陷南斜坡王73井区沙四段为例[J].油气地质与采收率，17(3)：12−14.

李凤杰，郑荣才，赵俊兴.2008.鄂尔多斯盆地米兰科维奇旋回在延长组发育的一致性[J].西安石油大学学报，23(5)：1−5.

李巨初，刘树根，徐国盛，等.2001.川西前陆盆地流体的跨层流动[J].地质地球化学，29(4)：72−81.

李士祥，胡明毅，李浮萍.2007.川西前陆盆地上三叠统须家河组砂岩成岩作用及孔隙演化[J].天然气地球科学，4(4)：535−539.

李熙喆，张满郎，谢武仁，等.2007.鄂尔多斯盆地上古生界层序格架内的成岩作用[J].沉积学报，25(6)：

923-933.

李泽民，谭先锋，薛伟伟，等.2015.碎屑岩中硅质胶结物质来源及沉淀机理[J].石油地质与工程，29
　　(2)：19-24.

李忠，张丽娟，寿建峰，等.2009.构造应变与砂岩成岩的构造非均质性——以塔里木盆地库车坳陷研究为
　　例[J].岩石学报，25(10)：2320-2329.

林畅松，郑和荣，任建业，等.2003.渤海湾盆地东营、沾化凹陷早第三纪同沉积断裂作用对沉积充填的控
　　制[J].中国科学D辑：地球科学，33：1026-1036.

刘春富，刘树根，赵霞飞，等.2011.川西坳陷丰谷构造上三叠统须家河组四段致密砂岩储层特征[J].四川
　　地质学报，31(2)：167-172.

刘德良，孙先如，李振生，唐南安，等.2007.鄂尔多斯盆地奥陶系碳酸盐岩脉流体包裹体碳氧同位素分析
　　[J].石油学报，28(3)：68-79.

刘家铎，田景春，张翔，等.2009.塔里木盆地寒武系层序界面特征及其油气地质意义[J].矿物岩石，29
　　(4)：1-6.

刘四兵，黄思静，沈忠民，等.2014.砂岩中碳酸盐胶结物成岩流体演化和水岩作用模式——以川西孝泉-
　　丰谷地区上三叠统须四段致密砂岩为例[J].中国科学D辑：地球科学，44(7)：1403-1417.

刘四兵，沈忠民，吕正祥，等.2014.四川新场地区须四段相对优质储层特征及孔隙演化[J].成都理工大学
　　(自然科学版)，41(4)：428-436.

刘四兵，沈忠民，吕正祥，等.2015.川西新场气田上三叠统须二、须四段相对优质储层成因差异性分析
　　[J].吉林大学学报(地球科学版)，45(4)：993-1001.

刘招君，孟庆涛，柳蓉，等.2012.古湖泊学研究——以桦甸断陷盆地为例[J].沉积学报，28：917-925.

刘志飞，胡修棉.2003.白垩纪至早第三纪的极端气候事件[J].地球科学进展，18：681-690.

刘志飞，赵玉龙，李建如，等.2007.南海西部越南岸外晚第四纪黏土矿物记录：物源分析与东亚季风演化
　　[J].中国科学D辑：地球科学，37(9)：1176-1184.

陆水潮，向才富，陈平，等.1999.层序地层学在碎屑岩成岩作用研究中的应用——以YA13-1气田古近系
　　为例[J].石油实验地质，20(2)：100-118.

吕成福，李小燕，陈国俊，等.2011.酒东坳陷下白垩统砂岩中碳酸盐胶结物特征与储层物性[J].沉积学
　　报，29(6)：1138-1144.

吕正祥，刘四兵.2009.川西须家河组超致密砂岩成岩作用与相对优质储层形成机制[J].岩石学报，10
　　(10)：2373-2383.

吕正祥.2005.川西孝泉构造上三叠统超致密储层演化特征[J].成都理工大学学报(自然科学版)，32(1)：
　　22-26.

栾锡武，孙钿奇，彭学超.2012.南海北部陆架南北卫浅滩的成因及油气地质意义[J].地质学报，86(4)：
　　626-639.

罗龙，孟万斌，冯明石，等.2015.致密砂岩中硅质胶结物的硅质来源及其对储层的影响——以川西坳陷新
　　场构造带须家河组二段为例[J].天然气地球科学，26(3)：435-443.

罗文军，彭军，曾小英，等.2012.川西丰谷地区须四段钙屑砂岩优质储层形成机理[J].石油实验地质，4
　　(4)：412-416.

罗忠，罗平，张兴阳，等.2007.层序界面对砂岩成岩作用及储层质量的影响——以鄂尔多斯盆地延河露头
　　上三叠统延长组为例[J].沉积学报，25(6)：903-914.

梅冥相.1993.碳酸盐米级旋回层序的成因类型及识别标志[J].岩相古地理，13(6)：35-45.

梅冥相.1995.碳酸盐旋回与层序[M].贵阳：贵州科技出版社，1-245.

孟万斌, 吕正祥, 刘家铎, 等.2013.川西坳陷孝泉－新场地区须家河组四段储层控制因素及预测地质模型[J].石油与天然气地质, 4(4): 483－490.

孟元林, 高建军, 牛嘉玉, 等.2006.扇三角洲体系沉积微相对成岩的控制作用[J].石油勘探与开发, 33(1): 36－39.

孟元林, 许丞, 谢洪玉, 等.2013.超压背景下自生石英形成的化学动力学模型[J].石油勘探与开发, 40(6): 701－707.

邱桂强.2007.东营凹陷古近系成岩层序特征与储集差异性分析[J].沉积学报, 25(6): 28－40.

曲希玉, 刘立, 刘娜, 等.2007.大港滩海区埕北断阶带古近系层序界面的识别方法[J].世界地质, 26(4): 485－491.

商晓飞, 侯加根, 程远忠, 等.2014a.厚层湖泊滩坝砂体成因机制探讨及地质意义——以黄骅坳陷板桥凹陷沙河街组二段为例[J].地质学报, 88(9): 1705－1718.

商晓飞, 侯加根, 孙福亭, 等.2014b.砂质滩坝储集层内部结构特征及构型模式——以黄骅坳陷板桥油田古近系沙河街组为例[J].石油学报, 35(6): 1160－1170.

商晓飞, 侯加根, 刘钰铭, 等.2014c.黄骅坳陷板桥地区湖相滩坝砂体内部隔(夹)层成因机制与分布样式[J].古地理学报, 16(5): 581－595.

申艳, 谢继容, 唐大海.2006.四川盆地中西部上三叠统须家河组成岩相划分及展布[J].天然气勘探与开发, 29(3): 21－25.

沈忠民, 宫亚军, 刘四兵, 等.2010.川西坳陷新场地区上三叠统须家河组地层水成因探讨[J].地质评论, 56(1): 82－88.

史丹妮, 金巍.1999.砂岩中自生石英的来源、运移、与沉淀机制[J].岩相古地理, 19(6): 65－70.

史玲玲.2007.川西坳陷孝泉－新场地区上三叠统须家河组 2 段储层特征研究[D].武汉: 长江大学.

寿建峰, 朱国华, 张惠良.2003.构造侧向挤压与砂岩成岩压实作用——以塔里木盆地为例[J].沉积学报, 21(1): 90－95.

宋成辉, 李晓, 陈剑, 等.2004.储层成岩－储集相划分方法[J].天然气工业, 24(10): 27－29.

苏锦义, 刘殊.2008.川西坳陷须家河组二段气藏地震相特征研究[J].石油物探, 47(2): 167－171.

孙萍, 罗平, 阳正熙, 等.2009.基准面旋回对砂岩成岩作用的控制——以鄂尔多斯盆地西南缘泑水河延长组露头为例[J].岩石矿物学杂志, 28(2): 179－184.

孙全力, 孙晗森, 贾筠, 等.2012.川西须家河组致密砂岩储层绿泥石成因及其与优质储层关系[J].石油与天然气地质, 5(5): 751－757.

孙书勤, 刘峰, 王建华.2000.川北砂岩－泥岩系混合作用地球化学特征[J].矿物岩石, 20(2): 19－22.

孙永传, 李蕙生.1995.层序地层学在成岩作用研究中的应用[J].地学前缘, 2(34): 154－157.

孙治雷, 黄思静, 张玉修, 等.2008.四川盆地须家河组砂岩储层中自生绿泥石的来源与成岩演化[J].沉积学报, 26(3): 459－468.

孙致学, 孙治雷, 鲁洪江, 等.2010.砂岩储集层中碳酸盐胶结物特征——以鄂尔多斯盆地中南部延长组为例[J].石油勘探与开发, 37(5): 543－551.

谭先锋, 田景春, 陈兰, 等.2010a.陆相断陷湖盆层序对成岩演化控制作用探讨[J].中国地质, 37(5): 1257－1271.

谭先锋, 田景春, 李祖兵, 等.2010b.东营凹陷古近系孔店组成岩特征及对储层的控制[J].煤田地质与勘探, 38(6): 27－32.

谭先锋, 田景春, 李祖兵, 等.2010c.碱性沉积环境下碎屑岩的成岩演化[J].地质通报, 4(20): 6－14.

谭先锋, 田景春, 林小兵, 等.2010d.陆相断陷盆地深部碎屑岩成岩演化及控制因素: 以东营断陷盆地古近系孔店组为例[J]. 现代地质，24：934－944.

谭先锋，田景春，黄建红，等.2013a.陆相碎屑岩旋回沉积记录中的物质响应及聚集规律——以济阳坳陷
    王家岗地区古近系孔店组为例[J]. 石油与天然气地质，34(3)：332－341.

谭先锋.2013b.陆相断陷湖盆旋回沉积机理与成岩系统物质耦合关系研究——以济阳坳陷孔店组为例[D].
    成都：成都理工大学.

谭先锋，蒋艳霞，田景春，等.2014.济阳坳陷古近系孔店组层序界面特征及时空属性[J]. 石油实验地质，
    36：136－143.

谭先锋，黄建红，李洁，等.2015a.深部埋藏条件下砂岩中碳酸盐胶结物的成因及储层改造——以济阳坳
    陷古近系孔店组为例[J]. 地质论评，61(5)：1107－1120.

谭先锋，蒋艳霞，李洁，等.2015b.济阳坳陷古近系孔店组高频韵律旋回沉积记录及成因. 石油与天然气地
    质，36：61－72.

田景春，谭先锋，孟万斌，等.2008.箕状断陷湖盆陡坡带层序地层格架内成岩演化研究[M].北京：地质
    出版社.

汪珊，张宏达，孙继朝，等.2007.川西含油气拗陷上三叠统含水系统和水文地质期的划分和定位[J]. 地球
    学报，28(6)：591－596.

王昌勇，郑荣才，刘哲，等.2014.鄂尔多斯盆地陇东地区长9油层组古盐度特征及其地质意义[J]. 沉积学
    报，32：159－165.

王冠民，林国松.2012.济阳坳陷古近纪的古气候区分析[J]. 矿物岩石地球化学通报，31：505－509.

王鸿祯，史晓颖.1998.沉积层序及海平面旋回的分类级别旋回周期的成因讨论[J]. 现代地质，12(1)：1
    －16.

王健，操应长，高永进，等.2013.东营凹陷古近系红层储层成岩作用特征及形成机制[J]. 石油学报，34：
    283－291.

王君泽.2012.孝泉－丰谷地区须家河组四段砂岩相对优质储层形成的水－岩相互作用机理[D].成都：成都
    理工大学.

王茂桢，柳少波，任拥军，等.2015.页岩气储层黏土矿物孔隙特征及其甲烷吸附作用[J]. 地质论评，61
    (1)：207－208.

王鹏.2012.川西坳陷中段须家河组四段储层致密化历史研究[D].成都：成都理工大学.

王琪，郝乐伟，陈国俊，等.2010.白云凹陷珠海组砂岩中碳酸盐胶结物的形成机理[J]. 石油学报，31(4)：
    553－558.

王行信，周书欣.1992.泥岩成岩作用对砂岩储层胶结物的影响[J]. 石油学报，13(4)：20－30.

王秀平，牟传龙，王启宇，等.2015.川南及邻区龙马溪组黑色岩系成岩作用[J]. 石油学报，36(9)：1035
    －1047.

王永诗，刘惠民，高永进，等.2012.断陷湖盆滩坝砂体成因与成藏：以东营凹陷沙四上亚段为例[J]. 地学
    前缘，19(1)：100－106.

韦恒叶.2012.古海洋生产力与氧化还原指标[J]. 沉积与特提斯地质，32：76－88.

吴智平，李伟，任拥军，等.2003.济阳坳陷中生代盆地演化及其与新生代盆地叠合关系探讨[J]. 地质学
    报，77(2)：280－285.

武文慧，黄思静，陈洪德，等.2011.鄂尔多斯盆地上古生界碎屑岩硅质胶结物形成机制及其对储集层的影
    响[J]. 古地理学报，13(2)：193－200.

蒽克来，操应长，蔡来星，等.2013.松辽盆地梨树断陷营城组低渗透储层成因机制[J]. 现代地质，27(1)：
    208－216.

夏国清，伊海生，黄华谷，等.2010.藏北雁石坪地区夏里组米级沉积旋回及成因[J].成都理工大学学报（自然科学版），37(2)：133−138.

向立宏，周杰，赵乐强，等.2009.济阳坳陷不整合结构的类型、特征及意义[J].断块油气田，16(1)：9−11.

肖冬生，付强.2011.鄂尔多斯盆地北部杭锦旗区块下石盒子组自生石英形成机制[J].岩石矿物学杂志，30(1)：113−120.

肖艳，彭军，张纪智，等.2012.川西前陆盆地中段须家河组二段储层储集空间特征及演化[J].天然气地球科学，03(3)：501−507.

谢武仁，邓宏文，王洪亮，等，2008.渤中凹陷古近系层序格架内的成岩作用[J].断块油气田，15(2)：23−26.

辛仁臣，张雪辉，张翼，等.2008.湖盆无曝露缓坡带层序界面特征及成因——以松辽盆地他拉哈地区上白垩统为例[J].沉积学报，26(1)：77−85.

邢顺全.1983.砂岩中自生石英和长石的演变特征及其地质意义[J].大庆石油地质与开发，2(3)：171−177.

徐北煤，卢冰.1994.硅质碎屑岩中碳酸盐胶结物及其对储层的控制作用的研究[J].沉积学报，12(3)：56−66.

徐伟.2011.东营凹陷沙河街组三段、四段高频旋回识别及其地质意义[M].中国地质大学.

徐樟有，吴胜和，张小青，等.2008.川西坳陷新场气田上三叠统须家河组须四段和须二段储集层成岩−储集相及其成岩演化序列[J].古地理学报，10(5)：447−458.

许卫平，田海芹.2000.东营凹陷−惠民凹陷孔店组层序地层学研究与油气勘探[J].石油勘探与开发，27(2)：28−30.

薛伟伟，谭先锋，李泽民，等.2015.碎屑岩中长石的溶解机制及其对成岩作用的贡献[J].复杂油气藏，8(1)：1−6.

闫斌，朱祥坤，张飞飞，等.2014.峡东地区埃迪卡拉系黑色页岩的微量元素和Fe同位素特征及其古环境意义.地质学报，88：1603−1615.

闫建萍，刘池洋，张卫刚，等.2010.鄂尔多斯盆地南部上古生界低孔低渗砂岩储层成岩作用特征研究[J].地质学通报，84(2)：272−279.

杨俊才，马飞宙.2014.单岩性米级旋回在旋回地层划分中识别——以北京西山张夏组为例[J].地层学杂志，38(3)：311−316.

杨俊才，马飞宙.单岩性米级旋回在旋回地层划分中识别——以北京西山张夏组为例[J].地层学杂志，2014，38(3)：311−316.

杨勇强，邱隆伟，姜在兴，等.2011.陆相断陷湖盆滩坝沉积模式：以东营凹陷古近系沙四上亚段为例[J].石油学报，32(3)：417−423.

叶泰然，张虹，唐建明.2009.深层裂缝性致密碎屑岩气藏高效储渗区识别——以川西新场气田上三叠统须家河组气藏为例[J].天然气工业，29(11)：22−26.

尹太举，张昌民，朱永进，等.2014.叠覆式三角洲——一种特殊的浅水三角洲[J].地质学报，88(2)：263−272.

尹秀珍，万晓樵，司家亮.2008.松辽盆地G-12井晚白垩世青山口组沉积时期古湖泊学替代指标分析[J].地质学报，82：676−682.

尹秀珍.2008.松辽盆地中部晚白垩世早期古湖泊生产力研究[D].北京：中国地质大学(北京).

应凤祥，罗平，何东博，等.2004.碎屑岩储集层成岩作用与成岩数值模拟[M].北京：石油工业出版社.

应凤祥，罗平，何东博.2004.中国含油气盆地碎屑岩储集层成岩作用与成岩数值模拟[M].北京：石油工业出版社.

尤丽,李才,张迎朝,等.2012.珠江口盆地文昌A凹陷珠海组储层碳酸盐胶结物分布规律及成因机制[J].石油与天然气地质,33(6):883-889.

岳志鹏,曾俊,高志卫,等.2006.惠民凹陷孔店组-沙四段"膏盐岩"层沉积机理——以MS1井"膏盐岩"层分析为例[J].石油勘探与开发,33:591-594.

张虹.2011.利用岩石物性参数反演裂缝天然气富集区研究[D].成都:成都理工大学.

张立强,罗晓容,穆洋洋.2013.东营凹陷古近系沙四上亚段近岸水下扇砂体碳酸盐胶结物的分布特征[J].中国石油大学学报(自然科学版),37(3):1-7.

张萧,田作基,吴胜华,等.2008.川西须家河组储层成岩演化[J].岩石学报,9(9):2179-2184.

张哨楠.2009.四川盆地西部须家河组砂岩储层成岩作用及致密时间讨论[J].矿物岩石,29(4):33-38.

张胜斌,王琪,李小燕.2009.川中南河包场须家河组砂岩沉积-成岩作用[J].石油学报,30(2):225-231.

张思亭,刘耘.2009.石英溶解机理的研究进展[J].世界岩石地球化学通报,28(3):294-300.

张雪花.2011.川西坳陷新场地区上三叠统须家河组长石溶解和保存机制研究[D].成都:成都理工大学.

张永生,王国力,杨玉卿,等.2005.江汉盆地潜江凹陷古近系盐湖沉积盐韵律及其古气候意义[J].古地理学报,7:461-468.

张勇.2011.合偿场-高庙子地区须家河组流体成因与天然气成藏地质条件分析[D].成都:成都理工大学.

张玉涛.2014.济阳坳陷第三纪火成岩成岩地球化学特征研究[J].地质科学,49:275-286.

张允白,周志毅,张俊明.2002.扬子陆块早奥陶世末期—中奥陶世Darriwilian初期沉积分异[J].地层学杂志,26:302-314.

张庄.2006.蜀南地区上三叠统须家河组沉积相与储层研究[D].南充:西南石油大学.

赵靖舟.2012.非常规油气有关概念、分类及资源潜力[J].天然气地球科学,23(3):393-406.

赵艳,吴胜和,徐樟有,等.2010.川西新场气田上三叠统须家河组二段致密砂岩优质储层控制因素[J].中国石油大学学报(自然科学版),34(4):1-6.

赵玉龙,刘志飞.2007.古新-始新世最热事件对地球表层循环的影响及其触发机制[J].地球科学进展,22:341-349.

郑浚茂,庞明.1988.石英砂岩的硅质胶结作用及其对储集性的影响[J].沉积学,6(1):29-39.

郑荣才,彭军,高红灿,等.2003.川西坳陷断裂活动期次、热流体性质和油气成藏过程分析[J].成都理工大学学报(自然科学版),30(6):551-558.

郑荣才,彭军,吴朝容.2001.陆相盆地基准面旋回的级次划分和研究意义[J].沉积学报,19(2):249-254.

钟大康,朱筱敏,张琴.2004.不同埋深条件下砂泥岩互层中砂岩储层物性变化规律[J].地质学报,78(6):863-870.

周磊,操应长,王艳忠,等.2012.济阳坳陷惠民凹陷临盘地区始新统孔店组一段—沙河街组四段红层划分和对比[J].地质论评,58(4):681-690.

朱敏,丁仲礼,王旭,等.2010.南阳盆地PETM事件的高分辨率碳同位素记录[J].科学通报,55:2400-2405.

朱如凯,郭宏莉,高志勇,等.2008.碎屑岩储层成岩流体演化与储集性及油气运移关系探讨[J].地质学报,82(6):835-842.

朱如凯,邹才能,张萧,等.2009.致密砂岩气藏储层成岩流体演化与致密成因机理——以四川盆地上三叠统须家河组为例[J].中国科学D辑:地球科学,39(3):327-339.

朱筱敏，潘荣，赵东娜，等.2013.湖盆浅水三角洲形成发育与实例分析[J].中国石油大学学报（自然科学版），37(5)：7—14.

朱筱敏.2008.沉积岩石学(第四版)[M].北京：石油工业出版社，151—153.

邹才能，张国生，杨智，等.2013.非常规油气概念、特征、潜力及技术——兼论非常规油气地质学[J].石油勘探与开发，40(4)：385—399.

邹才能，朱如凯，吴松涛，等.2012.常规与非常规油气聚集类型、特征、机理及展望——以中国致密油和致密气为例[J].石油学报，33(2)：173—187.

A1-Ramadan K，Morad S，Pmust J N，et al.2005.Distribution of diageneticalterations in silieielastic shore-face deposits within a sequence stratigraphic framework：evidence from the Upper Jurassic，Boulon—nais，NW France[J].Journal of SedimentaryResearch，75(5)：943—959.

Anderson E J，Goodwin P W.1990.The significance of meter-scale allocycles in the quest for a fundamental stratigraphic unit[J].Journal of Geological Society，147：507—518.

Arkaah A B，Kaminski M，Ogle N，et al.2006.Early Paleogene climate and productivity of the Eastern E-quatorial Atlantic，off the western coast of Ghana[J].Quaternary International，148：3—7.

Bains S，Corfield R M，Norris R D.1999.Mechanisms of climate warming at the end of the Paleocene[J].Science，258：724—727.

Bains S，Norris R D，Corfied R M，et al.2003.Marine-terrestrial linkages at the Paleocene—Eocene bounda-ry[J].Geol Soc Am Spec Pap，369：1—9.

Berger A，Louter M F，Dehant V.1989.Pre-Quaternary Milankovitch frequencies [J].Nature，342(6246)：133.

Bevan J，Savaget D.1989.The effect of organic acids on the dissolution of K-feldspar under conditions rele-vant to burial eiagenesis[J].Min Mag，53：415—425.

Bijl P K，Schouten S，Sluijs A，et al.2009.Early Palaeogene temperature evolution of the southwest Pacific Ocean[J].Nature，461(7265)：776—778.

Blatt H.1979.Diagenetic Processes in Sandstones[M].Peter A S，Paul R S.Aspects of diagenesis，Special Publication 26.Oklahoma：Society of Economic Paleontologists and Mineralogists，141—157.

Bloch S，Lander R H，Bonnell L.2002.Anomalously high porosity and permeability in deeply buried sand-stone reservoirs：origin and predictability[J].AAPG Bulletin，86(2)：301—328.

Boles J R，Ramsayer K.1987.Diagenetic carbonate in Miocene sandstone reservoir，San Joaquin Basin，Cali-fornia Am[J].Assoc Petrol Geol Bull，71：1475—1487.

Bowen G J，Zachos J C.2010.Rapid carbon sequestration at the termination of the Palaeocene-Eocene Ther-mal Maximum[J].Nature Geoscience，3(12)：866—869.

Bralower T J，Kelly D C，Leckie R M.2002.Biotic effects of abrupt Paleocene and Cretaceous climate events[J].JOIDES Journal，28(1)：29—34.

Cander H.2012.What is unconventional resources[R].Long Beach，California：AAPG Annual Convention and Exhibition.

Clifton H E.2003.Supply，segregation，successions and significance of shallow marine conglomeratic depos-its.Bulletin of Canadian petroleum[J].Geology，51(4)：370—388.

Cramer B S，Toggweiler J R，Wright J D，et al.2009.Ocean overturning since the Late Cretaceous：infer-ences from a new benthic foraminiferal isotope compilation[J].Paleoceanography，24：33—40.

Crouch E M，Heilmann-Clausen C，Brinkhuis H，et al.2001.Global dinoflagellate event associated with the late Paleocene thermal maximum[J]. Geology, 29(4): 315－318.

Dove P M. 1999. The dissolution kinetics of quartz in aqueous mixed cation solutions[J]. Geochimica Et Cosmochimica Acta, 63(22): 3715－3727.

Dutton S P, Loucks R G. 2010. Reprint of: diagenetic controls on evolution of porosity and permeability in lower Tertiary Wilcox sandstones from shallow to ultradeep(200-6700m) burial, Gulf of Mexico Basin, USA[J]. Marine and Petroleum Geology, 27(8): 1775－1787.

Folk R L. 1968. Petrology of Sedimentary Rocks[M]. Austin: Hemphill.

França A B, Araújo L M, Maynard J B, et al. 2003. Secondary porosity formed by deep meteoric leaching: Botucatu eolianite, southern South America[J]. AAPG Bulletin, 87(7): 1073－1082.

García M, Ercilla G, Alonso B, et al. 2011. Sediment lithofacies, processes and sedimentary models in the Central Bransfield Basin, Antarctic Peninsula, since the Last Glacial Maximum[J]. Marine Geology, 290 (1): 1－16.

Giles M R, Indrelid S L, Beynon G V, et al. 2009. The origin of large-scale quartz cementation: evidence from large data sets and coupled heat-fluid mass transport modeling[J]. Quartz Cementation in Sandstones, 29: 21－38.

Higgins J A, Schrag D P. 2006. Beyond methane: towards a theory for the Paleocene-Eocene thermal maximum[J]. Earth and Planetary Science Letters, 245(3): 523－537.

Higgs K E, Zwingmann H, Reyes A G, et al. 2007. Diagenesis, porosity evolution, and petroleum emplacement in tight gas reservoirs, Taranaki Basin, New Zealand[J]. Journal of Sedimentary Research, 77 (12): 1003－1025.

Hirst J P P, Davis N, Palmer A F, et al. 2001. The 'tight gas' challenge: appraisal results from the Devonian of Algeria[J]. Petroleum Geoscience, 7(1): 13－21.

Houseknecht D W. 1987. Assessing the relative importance of compaction processes and cementation to reduction of porosity in sandstones[J]. AAPG Bulletin, 71(6): 633－642.

Humphrey N F, Heller P L. 1995. Natural oscillations in coupled geomorphic systems: an alternative origin for cyclic sedimentation[J]. Geology, 23(6): 499－502.

Hönisch B, Ridgwell A, Schmidt D N, et al. 2012. The geological record of ocean acidification[J]. Science, 335(6072): 1058－1063.

John C M, Banerjee N R, Longstaffe F J, et al. 2012. Clay assemblage and oxygen isotopic constraints on the weathering response to the Paleocene-Eocene thermal maximum, east coast of North America[J]. Geology, 40(7): 591－594.

Kantorowicz J D, Bryant I D, Dawans J M. 1987. Controls on the geometry and distribution of arbonate cements in Jurassic sandstones: Bridport Sands, southern England and Viking G roup, Troll Field, Norway [A]. Marshall J D. Diagenesis of Sedimentary Sequences[M]. London: Geological Society of London, Special Publication, 36: 103－118.

Kim J C, Lee Y I, Hisada K. 2007. Depositional and compositional controls on sandstone diagenesis, the Tetori Group(Middle Jurassic-Early Cretaceous), central Japan[J]. Sedimentary Geology, 195(3): 183－202.

Kimura H, Watanabe Y. 2010. Ocean anoxia at the Precambrian-Cambrian boundary[J]. Geology, 29(11): 995－998.

Kurtz A C, Kump L R, Authur M A, et al. 2003. Early Cenozoic decoupling of the global carbon and sulfur cycles[J]. Paleoceanography, 18: 1090—1103.

Littler K, Röhl U, Westerhold T, et al. 2014. A high-resolution benthic stable-isotope record for the South Atlantic: implications for orbital-scale changes in Late Paleocene-Early Eocene climate and carbon cycling [J]. Earth and Planetary Science Letters, 401: 18—30.

Marchand A M E, Smalley P C, Haszeldine R S, et al. 2002. Note on the importance of hydrocarbon fill for reservoir quality prediction in sandstones[J]. AAPG Bulletin, 86(9): 1561—1571.

Mei M X. 1993. Genetic types and identification marks of Meter-scale cyclic sequences of carbonate[J]. Lithofacies palaeogeography, 33(6): 34—45.

Meshri D. 1986. On the reactivity of carbonic and organic acids and gernration of secondary porosity[J]. SEPM Special Publication, 28: 123—128.

Milankovitch M M. 1941. Kanon der Erdbestrahlung und seine Anwendung aufdas Eizeitenproblem[J]. Academic Serbe, 133: 1121—1132.

Miller M, Shanley K. 2010. Petrophysics in tight gas reservoirs—key challenges still remain[J]. The Leading Edge, 29(12): 1464—1469.

Mitchum R M, Wagoner J C V. 1991. High-frequency sequences and their stacking patterns: sequence-stratigraphic evidence of high-frequency eustatic cycles(in the record of sea-level fluctuations)[J]. Sedimentary Geology, 70(2—4): 131—160.

Morad S, Ketzer J M, De Ros L F. 2000. Spatial and temporal distribution of diageneticalterations in silieielastic rocks: implications for mass trans-fer in sedimentarybasins[J]. Sedimentology, 47(s1): 95—120.

Morón S, Fox D L, Feinberg J M, et al. 2013. Climate change during the Early Paleogene in the Bogotá Basin(Colombia)inferred from paleosol carbon isotope stratigraphy, major oxides, and environmental magnetism[J]. Palaeogeography, Palaeoclimatology, Palaeoecology, 388: 115—127.

Needham S J, Worden R H, McIlroy D. 2005. Experimental production of clay rims by macrobiotic sediment ingestion and excretion processes[J]. Journal of Sedimentary Research, 75(6): 1028—1037.

Neff J L, Hagadorn J W, Sunderlin D, et al. 2011. Sedimentology, facies architecture and chemostratigraphy of a continental high-latitude Paleocene-Eocene succession—The Chickaloon Formation, Alaska[J]. Sedimentary Geology, 240(1): 14—29.

Nicolo M J, Dickens G R, Hollis C J, et al. 2007. Multiple early Eocene hyperthermals: their sedimentary expression on the New Zealand continental margin and in the deep sea[J]. Geology, 35(8): 699—702.

Penman D E, Hönisch B, Zeebe R E, et al. 2014. Rapid and sustained surface ocean acidification during the Paleocene-Eocene Thermal Maximum[J]. Paleoceanography, 29(5): 357—369.

Peters K E, Moldowan J M. 1993. The Biomarker Guide-interpreting Molecular Fossils in Petroleum and Ancient Sediments[M]. New Jersey: Prentice Hall, 363: 45—57.

Raiswell R, Buckley F, Berner R A, et al. 1988. Degree of pyritization of iron as a palaeoenvironmental indicator of bottom water oxygenation[J]. Journal of Sedimentary Petrology, 58: 812—819.

Raiswell R, Buckley F. 1988. Degree of pyritization of iron as a palaeoenvironmental indicator of bottom water oxygenation[J]. Journal of Sedimentary Petrology, 58(5): 812—819.

Rezaee M R, Tingate P R. 1997. Origin of quartz cement in the Tirrawarra Sandstone, Southern Cooper Basin, South Austral[J]. Journal of Sedimentary Research, 67(1): 168—177.

Roberts A P, Sagnotti L, Florindo F, et al. 2013. Environmental magnetic record of paleoclimate, unroofing of the Transantarctic Mountains, and volcanism in late Eocene to early Miocene glaci-marine sediments from the Victoria Land Basin, Ross Sea, Antarctica[J]. Journal of Geophysical Research: Solid Earth, 118(5): 1845−1861.

Rossi C, Marfil R, Ramseyer K, et al. 2001. Facies-related diagenesis andmultiphase siderite cementation and dissolution in the reservoir sand-stones of the Khatatba Formation, Egypt western desert[J]. Journal of Sedimentary Research, 71(3): 459−472.

Sayers C M, Noeth S. 2010. Sensitivity of velocities to overpressure within heterogeneous tight gas sand reservoirs[J]. The Leading Edge, 29(12): 1490−1493.

Storvoll V, Bjørlykke K, Karlsen D, et al. 2002. Porosity preservation in reservoir sandstones due to grain−coating illite: a study of the Jurassic Garn Formation from the Kristin and Lavrans fields, offshore Mid−Norway[J]. Marine & Petroleum Geology, 19(6): 767−781.

Surdam R C, Boese S W, Crossey L J. 1984. The chemistry of secondary porosity[J]. AAPG Memoir, 37: 127−149.

Surdam R C, Crossey L J, Hagen E S, et al. 1989. Organic-inorganic and sandstone diagenesis[J]. AAPG Bulletin, 73: 1−23.

Surdam R C, Crossey L J. 1987. Integrated diagenetic modeling: aprocess-oriented approach for clastic systems[J]. Annual Review of Earth and Planetary Sciences, 15: 141−170.

Svensen H, Planke S, Malhte Sorenssen A, et al. 2004. Release of mehtane from a voleanic basin as a mechanism for initial Eoeene global warming[J]. Nature, 429: 542−545.

Sverjensky D A, Shock E L, Helgeson H C. 1997. Prediction of thethermodynamic properties of aqueous metal complexes to 5 Kb and 1000°C[J]. Geochimica Et Cosmochimica Acta, 61(7): 1359−412.

Veizer J, Hoefs J. 1976. The nature of $^{18}O/^{16}O$ and $^{13}C/^{12}C$ secular trends in sedimentary carbonate rocks [J]. Geochimica et Cosmo-chimica Acta, 40(11): 1387−1395.

Walderhaug O. 1994. Precipitation rates for quartz cement in sandstones deter-mined by fluid-inclusion microthermometry and temperature-history modeling[J]. Journal of Sedimentary Research, 64(2): 324−333.

Wan C B, Wang D H, Zhu Z P, et al. Trend of Santonian(Late Cretaceous)atmospheric CO_2, and global mean land surface temperature: evidence from plant fossils[J]. Science China Earth Science, 2011, 54 (9): 1338−1345.

Wilgus C K. 1988. Sea-Level Changes−An Integrated Approach[M]. SEPM Special Publication, 1−407.

Wilkinson M, Haszeldine R S, Ellam R M, et al. 2004. Hydrocarbon filling history from diagenetic evidence: Brent Group, UK North Sea[J]. Marine & Petroleum Geology, 21(4): 443−455.

Worden R H, Morad S. 2000. Quartz Cementation in Sandstones, Special Publication Number 29 of the International Association of Sedimentologists[M]. Oxford: Blackwell Science Ltd.

Worden R H, Morad S. 2003. Clay Minerals in Sandstones: Controls on Formation, Distribution and Evolution[M]. Oxford: Blackwell Science Ltd.

Xi K, Cao Y, Jahren J, et al. 2015. Quartz cement and its origin in tight sandstone reservoirs of the Cretaceous Quantou formation in the southern Songliao basin, China[J]. Marine and Petroleum Geology, 66: 748−763.

Yan B, Zhu X K, Zhang F F, et al. 2014. The Ediacarantrace elements and Fe isotopes of black shale in the Three Gorges Area: implications for paleooceanography[J]. Acta Geologica Sinica, 88(8): 1603−1615.

Zachos J C, Dickens G R, Zeebe R E. 2008. An early Cenozoic perspective on greenhouse warming and carbon-cycle dynamics[J]. Nature, 451(7176): 279−283.

Zachos J，Pagani M，Sloan L，et al. 2001. Trends，rhythms，and aberrations in global climate 65 Ma to present[J]. Science，292：686—693.

Zachos J C，Wara M，Bohaty S，et al. 2003. A transient rise in tropical sea surface temperature during the Paleocene-Eocene thermal maximum[J]. Science，302：1551—1554.